最新内燃機関
改訂版

秋濱一弘
津江光洋
友田晃利
野村浩司
松村恵理子

［編著］

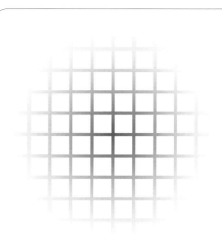

朝倉書店

◆執筆者 (五十音順)（*印は編著者）

秋濱一弘* 日本大学生産工学部環境安全工学科・教授

三田修三 東京都市大学総合研究所 HEET・教授

菅沼祐介 日本大学生産工学部機械工学科・専任講師

津江光洋* 東京大学大学院工学系研究科航空宇宙工学専攻・教授

友田晃利* 株式会社 SOKEN 専務取締役

中谷辰爾 東京大学大学院工学系研究科航空宇宙工学専攻・准教授

野村浩司* 日本大学生産工学部機械工学科・教授

冬頭孝之 株式会社 豊田中央研究所機械1部パワトレ制御研究室

松村恵理子* 同志社大学理工学部機械系学科・教授

◆執筆協力者 (五十音順)

大坪康彦 トヨタ自動車株式会社

金子計司 トヨタ自動車株式会社

土舘力 トヨタ自動車株式会社

橋本晋 トヨタ自動車株式会社

平井琢也 トヨタ自動車株式会社

山田智海 トヨタ自動車株式会社

横尾望 トヨタ自動車株式会社

吉松昭夫 トヨタ自動車株式会社

若尾和弘 トヨタ自動車株式会社

は　し　が　き

　本書は，1995 年に朝倉書店から発刊された『最新内燃機関』（河野通方・角田敏一・藤本元・氏家康成 著）の改訂版である．旧書は内燃機関を初めて学ぶ機械工学系の学生の教科書としてまとめられたものであり，当時の状況に即しながら，基礎として重要な項目と技術的に今後重要となる項目が列記されている．しかしながら，21 世紀を迎え 20 年を経過する間に，内燃機関をめぐる状況は激変してきている．地球温暖化対策のため二酸化炭素排出の大幅な抑制が喫緊の社会的課題となっており，これを解決するためにさまざまな技術が生みだされている．その解決策の一つとして自動車の電動化が進められているものの，モータのみを駆動力とする電気自動車（EV）や燃料電池（FCV）搭載車の普及には解決すべき技術的課題が残されている．また，充電，水素供給などのインフラ整備も必要であることから，当分の間はモータと内燃機関を搭載したハイブリッド車が主流になるといわれており，内燃機関のさらなる高性能化が必須となる．特に，年々厳しくなる排出ガス規制に対応しながら，二酸化炭素排出削減に直結する燃費向上技術の進展はめざましいものがあり，旧書の発刊以降に開発，実用化された排出ガス低減および燃費向上技術を記述しておく必要性を感じていた．

　そこで，朝倉書店からの勧めもあり，普遍的な基礎項目に関する記述は基本的に旧書を踏襲しながら，新しい技術に関する記述を加えるという方針に基づき，『最新内燃機関』の改訂版を発刊するはこびとなった．サイクル，燃焼，燃料，往復動機関の力学，潤滑などの基礎的項目に関する記述を充実させるとともに，自動車会社で実際に内燃機関の研究開発に従事されてきた研究者の方に執筆をお願いすることで最新の技術的項目を追加し，旧書と比較して技術的内容の理解がより進むものとなるように編集を行った．新しい技術を重点的に取り上げることを優先させたため，従来の技術に関する記述を省かざるを得ない

こともあったが，それらについては古今の内燃機関の名著を参考にしていただきたい．また，ジェットエンジン，ロケットエンジンについても同様に新しい技術的内容の記述を追加し，最新の技術動向を簡潔にまとめた．

　改訂にあたり旧版の文章・図表を一部使用させていただいたことについて，河野先生，角田先生，藤本先生，氏家先生に謝意を表する．

　また，本書冒頭に記載したトヨタ自動車からの執筆協力者の方々には，図面の提供や原稿作成をサポートしていただいた．記して厚くお礼申し上げる．

2021 年 2 月

編 著 者 一 同

目　　　　次

① 緒　　　論

1.1　熱　機　関

　地球やそれをとりまく宇宙における自然現象はもとより，人々の衣食住を中心とする日常生活，それを支える産業活動や交通を含むあらゆる営みはエネルギーならびにその変換と密接に関係している．エネルギーには，熱エネルギー，力学エネルギー，化学エネルギーなどさまざまな種類があるが，これらのエネルギーを人類の社会生活に有効利用するために，多くのエネルギー変換システムが考え出されてきた．そのうち自然界の，あるいは燃焼などで得られる熱エネルギーから力学エネルギー，すなわち我々が利用できる仕事への変換を，自立して連続的に行うのが熱機関である．産業革命の初期に，往復動式蒸気機関が出現し，人類の歴史に新しい強力な動力源が加えられた．ついで，蒸気タービンならびに往復動式内燃機関が発達し，火力発電所，自動車，航空機などに利用されてきた．さらに，ガスタービン，ロケット，原子力利用機関など多くの熱機関が開発され，用途に応じて多様化が図られてきた．これらの熱機関がこれまでに人類に与えてきた恩恵はきわめて大きいが，CO_2 排出による地球温暖化が社会問題となっており，再生可能エネルギーの利用や電動化など熱機関に代わるエネルギー変換技術の開発が進められている．しかしながら，エネルギーの大部分はいまだ化石燃料の燃焼によるものであり，またバイオマス燃料などの代替燃料を適用することで熱機関が継続して利用されることも想定されるため，熱機関利用における CO_2 排出の抑制，すなわち熱機関の性能向上の重要性は将来においても増すものと考えられる．

　図 1.1 に示すように，一般的な熱機関は 5 つの基本構成要素からなる．熱力学的サイクルを繰り返すことにより，連続的に熱エネルギー（Q_1）が仕事（$Q_1 - Q_2$）へ変換されるが，その作動は熱力学の法則に支配される．すなわち，熱力学の第一法則によれば，熱エネルギーの補給なしには仕事を取り出すことができない．よって，燃料を補給しないで仕事を発生する機関（第一種永久機関）は存在しない．次に，熱力学第二法則によれば，熱エネルギーから仕事を取り出すときには，

温度の異なる2つの熱源が必要であり，
図に示すように，高温の熱源から熱（Q_1）
を得て，低温の熱源へ熱（Q_2）を捨てる
ことが必要となる．このとき，高温の熱
源から得られた熱の一部（Q_1-Q_2）のみ
が仕事に変換される．したがって同法則
によれば，ある1つの熱源から熱を受け
取るのみで連続して動力を得る熱機関
（第二種永久機関）は実現できない．こ
のため熱機関には高温熱源と低温熱源の
それぞれに対して受熱部と放熱部が必要
となり，作動流体が熱エネルギーの輸送

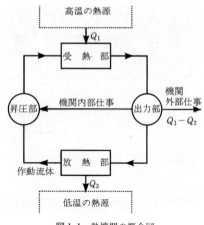

図1.1　熱機関の概念図

を行う．また，作動流体のもつ熱エネルギーを外部への仕事に変換するために出
力部が必要であり，通常は作動流体の移送あるいは圧力上昇のために，内部仕事
によって駆動される昇圧部が設けられる．閉鎖系作動流体を有する熱機関はクロ
ーズドサイクル熱機関と呼ばれ，開放系作動流体の場合をオープンサイクル熱機
関と呼ぶ．受熱部には，間接式と直接式とがある．前者は作動流体が固体壁を通
して外部の熱源から間接的に熱エネルギーを得るものであり，後者では作動流体
内部で熱エネルギーの発生がある．

　熱機関が仕事を発生するためには，なんらかの方法による熱エネルギーを必要
とする．石炭，石油，天然ガスなどの燃料を大気中の空気を利用して燃焼させて
得られる熱エネルギーを，高温の熱源として利用する方式の熱機関にはいくつか
の種類がある．このような燃焼によって発生した熱エネルギーを仕事に変換する
熱機関は，外燃機関と内燃機関に分けられる．このうち，内燃機関は燃料と空気
の燃焼によって生成した燃焼ガスを作動流体として利用するものである．このと
き，仕事を得るためにこの燃焼ガスによってピストンあるいはタービンを駆動す
る機構を備えている．したがって，高温の熱源からの受熱は直接的である．これ
に対して，外燃機関では燃焼ガスは作動流体として利用されない．燃焼ガスの熱
エネルギーは固体壁を通して別の作動流体へ移され，その作動流体の働きにより
仕事を得る．この場合，受熱は間接的で，受熱部には熱交換の機構を必要とする．
また，作動流体を再使用するか，しないかによって，前者をクローズドサイクル，
後者をオープンサイクルと呼んで区別する．一般に内燃機関は後者に属する．

　多くの熱機関は熱エネルギーが燃焼によって供給されているため，熱機関と燃焼機関とが一般に同義的に使われている．厳密には，後者は前者の一分類項目である．例えば，熱機関の一種であるスターリング機関は，それを水素や炭化水素燃料で運転すれば燃焼機関に分類されるが，太陽熱エネルギーで運転すれば燃焼機関とはいえない．

1.2 内 燃 機 関

　一般に内燃機関は，作動流体の内部において燃焼により発生した熱エネルギーを利用して仕事を得る直接受熱式オープンサイクル熱機関として定義される．受熱部に固体伝熱面が不必要であるため，外燃機関に比べて，構造が簡単で，小型，軽量である．また，材料の耐熱性などに対する制約が少なく，作動流体の最高温度を高めることが可能であるため，比較的熱効率を高めることができる．

　内燃機関は，出力部の形式すなわち熱エネルギーから仕事への変換方法により，容積型内燃機関と速度型内燃機関に分類される．前者は，高温，高圧の燃焼ガスでピストンを作動させることにより仕事をさせるものであり，ガソリン機関，ディーゼル機関など往復ピストン式機関および回転ピストン式機関がこれに含まれる．燃焼，熱発生および作動流体の流動が間欠的であるため燃焼室壁の冷却が比較的容易となる．この結果，燃焼ガスの最高温度を高くすることが可能となり，高い熱効率が得られやすい．後者は，高温，高圧の燃焼ガスでタービンを作動させたり，それを直接噴出するものであり，ガスタービン，ジェットエンジン，ロケットエンジンなどがこれに相当する．ほとんどの場合，連続燃焼方式が採用されている．作動流体の流動が連続的であることから高出力機関に適している．内燃機関といえば，一般に容積型内燃機関をさすことが多いが，これはこの機関が我々の身近で多用されているためと思われる．

1.3 往復動式内燃機関

　現在使用されている容積型内燃機関のうち，回転ピストン式内燃機関の割合は少なく，往復動（ピストン）式内燃機関が圧倒的に多い．往復動式内燃機関は，図 1.2 に示すように，吸・排気弁，ピストン，シリンダ（気筒），クランク機構などからなる．吸気，圧縮，燃焼，膨張ならびに排気過程からなるサイクルを完結することにより熱から仕事への変換を行う．シリンダとピストンとで囲まれた空間が燃焼室であり，膨張過程の初期に燃焼により高温，高圧となった作動流体が，

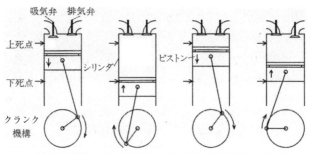

（a）吸気過程 （b）圧縮過程 （c）燃焼・膨張過程 （d）排気過程

図 1.2 往復動（4ストローク）内燃機関

ピストンを押し下げ，クランク機構により回転運動として仕事を取り出す．最小および最大燃焼室容積に相当するピストン位置を上死点（top dead center：TDC）ならびに下死点（bottom dead center：BDC）と呼ぶ．ピストンが両死点の間を動くことを行程と呼び，その容積が行程容積である．したがって，クランク 1 回転はピストン 1 往復および 2 行程に相当する．

　往復動式内燃機関には多くの種類があり，対象とする項目によりさまざまに分類される．まず，燃焼形態から，火花点火機関と圧縮点火機関とに大別される．火花点火機関では，予混合燃焼が利用される．すなわち，可燃性混合気があらかじめ生成された後に，火花点火により燃焼する．このときの燃焼は，混合気中を伝播する火炎帯における化学反応によるので比較的速やかであり，高速運転が可能である．したがって，出力に対して小型・軽量化が可能であるので，自動車をはじめ広く用いられている．しかし，ノックの発生などの制約により，1 気筒の大型化が困難であり，熱効率が比較的低い．これに対して，圧縮点火機関では非予混合燃焼（拡散燃焼）が利用される．ピストン運動により高温，高圧に圧縮された空気中に燃料が噴射され，自発点火（着火）の後燃焼が進行する．化学反応よりもむしろ燃料の蒸発，生成した燃料蒸気と空気との拡散，混合などの物理的要因が支配的であるため，燃焼が比較的緩慢に進行し，機関の高速化が困難であるが，この燃焼特性により，高出力，大型機関の製作が可能である．また，燃焼温度および圧力を高めることが可能であり，比較的高い熱効率が得られる．ただし，騒音，振動，黒煙など解決すべき課題も多い．

　燃料供給方法により大別すると，気化器式と燃料噴射式とがある．前者は気流の作用により燃料を微粒化するものであり，構造が簡単で安価である．後者は細孔から高速で燃料を噴出させることにより微粒化させるものであり，微粒化特性，

制御性などに比較的優れている．火花点火機関では両者とも用いられていたが，近年では燃料噴射式が主流であり，通常吸気管内へ燃料が供給されるが，燃焼室に直接燃料を噴射する筒内直接噴射方式も実用化されている．圧縮点火機関では，ほとんどの場合高圧燃料噴射式であり，燃料を直接燃焼室内へ供給する．燃焼室の形状は単室式と複室式とに大別される．単室式は構造が簡単で，燃焼室の表面積／体積比が小さく，そのため熱損失が少ないので熱効率が高くなる傾向にある．複室式は主燃焼室と副室が通路で結ばれているものであり，圧縮点火機関で用いられてきた．複雑な燃焼室形状のため流動損失が大きく，また表面積／体積比が大きいため熱損失が大きく，熱効率が低くなる傾向にあるが，混合気形成過程の制御が比較的容易である．

　往復2回のピストン運動（4行程）で1サイクルを完了するものを4ストローク（4サイクル）機関と呼ぶ．これに対して，1サイクルが1往復（2行程）のピストン運動で完結される機関を2ストローク（2サイクル）機関という．4ストローク機関ではガス交換が確実に行われるので，吸入空気の利用率が高く比較的熱効率が高い．小型から中型の火花点火機関および圧縮点火機関に用いられる．2ストローク機関は4ストローク機関の吸気・排気・圧縮と膨張・排気・吸気行程をそれぞれ1行程で行う．同時に行われる吸気・排気過程を掃気と呼ぶ．2ストローク機関はこの掃気によるガス交換に難点があるが，構造が簡単で高速運転も可能である．このため，小型の火花点火機関ならびに舶用などの大型の圧縮点火機関に使用される．

　熱力学的サイクルによる分類では，オットーサイクル（定容サイクル），ディーゼルサイクル（定圧サイクル），サバテサイクル（複合サイクル）などがあるが，これらはそれぞれ火花点火機関，大型圧縮点火機関，高速圧縮点火機関の理想空気サイクルとみなされる．使用燃料による分類では，燃料に対応してガソリン機関，ディーゼル機関，天然ガス機関，水素機関，エタノール機関，多種燃料機関，石油機関などがある．通常，ガソリン機関は火花点火装置が用いられるため火花点火機関と呼ばれ，圧縮点火機関は発明者ルドルフ・ディーゼルに因んでディーゼル機関と呼ばれる．なお，ディーゼル機関の燃料に用いられるものをディーゼル燃料と称し，一般的には軽油であるが，舶用の大型圧縮点火機関には重油が用いられる．給気方式では，大気吸入機関と過給機関とに大別される．後者は，構造が複雑となるが，吸入空気量と燃料量の増加により機関単位質量あたりの出力増加が可能である．また，冷却方法により空冷方式と液冷方式とに大別される．

後者では，強制循環式が主として採用されており，構造は複雑であるが冷却能力は大きく，騒音も少ない．そのほか，シリンダ数とシリンダ配列の組み合わせによる分類もなされている．例えば，単気筒機関，4気筒直列型機関，4気筒水平対向機関，6気筒 V 型機関，9気筒星型機関などである．

1.4 その他の内燃機関

　本書では，主として往復動式内燃機関について，特に火花点火機関や圧縮点火機関に重点をおいて述べるが，そのほかの内燃機関として，航空機用ジェットエンジンを含むガスタービンや宇宙用推進機関の代表であるロケットエンジンについてもふれている．

　最近，地上用のガスタービンは発電用や熱電併給（コージェネ）用機関として注目をあびているが，その原理は図1.1に示す一般の熱機関と同様である．航空機用ジェットエンジンやロケットエンジンは，熱エネルギーが与えられた作動流体を加速・噴射することによって推進力を得るものであり，速度型内燃機関である．なお，ロケットエンジンではいわゆる熱力学的サイクルで考察することは行われず，サイクルといえば推進剤供給用の仕事を得る方式を表すことが一般的である．

② サイクル

2.1 熱効率と平均有効圧力

　熱機関がなした仕事と熱機関に供給された熱量との比を熱効率と定義する．内燃機関の場合，燃料の燃焼により発生した熱量のうち仕事に変換された割合に相当し，燃料経済性を示す重要な尺度である．内燃機関のなす仕事として，次の3通りのものが考えられる．

　理論仕事 W_{th}：熱力学的考察に基づき得られる仕事

　図示仕事 W_i：実際の機関において作動流体がピストンになす仕事

　正味仕事 W_e：機関の出力軸より得られる仕事であり，図示仕事から摩擦などの機械損失を差し引いたもの

これらの仕事に対して次に示す3種類の熱効率が定義される．

　理論熱効率 η_{th}：

$$\eta_{th} = \frac{W_{th}}{Q_1} \tag{2.1}$$

　図示熱効率 η_i：

$$\eta_i = \frac{W_i}{Q_1} \tag{2.2}$$

　正味熱効率 η_e：

$$\eta_e = \frac{W_e}{Q_1} \tag{2.3}$$

ここで，Q_1 は供給熱量である．

　各仕事の比より，線図係数 η_g および機械効率 η_m が定義される．

$$\eta_g = \frac{W_i}{W_{th}} = \frac{\eta_i}{\eta_{th}} \tag{2.4}$$

$$\eta_m = \frac{W_e}{W_i} = \frac{\eta_e}{\eta_i} \tag{2.5}$$

　また，これらの間には次の関係が成立する．

$$\eta_e = \eta_m \eta_i = \eta_m \eta_g \eta_{th} \tag{2.6}$$

機関の行程容積あたりの仕事を示すために，平均有効圧力が用いられる．平均有効圧力とは，1サイクルあたりの仕事を行程容積で除した値であり，仕事の内容により次のように定義される．

理論平均有効圧 P_{th}:

$$P_{th} = \frac{W_{th}}{V_s} \tag{2.7}$$

図示平均有効圧 P_i:

$$P_i = \frac{W_i}{V_s} \tag{2.8}$$

正味平均有効圧 P_e:

$$P_e = \frac{W_e}{V_s} \tag{2.9}$$

ここで，V_s は行程容積であり，ピストンが下死点（botton dead center: BDC）にあるときのシリンダー容積から上死点（top dead center: TDC）にあるときのシリンダ容積を引いた値である．

熱効率と平均有効圧力との間には次のような関係が存在する．

$$P_e = \eta_m P_i = \eta_m \eta_g P_{th} \tag{2.10}$$

図2.1は，PV線図上にサイクルと平均有効圧力との関係を示したものである．実線がサイクルであり，これで囲まれた面積が仕事に相当する．一点鎖線は，これと面積が等しく行程容積 V_s を1辺とする長方形であり，高さ h が平均有効圧力に相当する．行程容積あたりの仕事量が多い場合には，サイクルの面積が大きく，長方形の高さが増す．

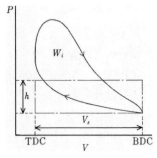

図 2.1　平均有効圧力

2.2　空気サイクル

実際の機関の基本となるサイクルであり，熱力学的に到達可能な温度，圧力および理論熱効率を与える．これらは実際のサイクルよりはなはだしく高い値になるが，諸因子の影響を明らかにするとともに熱効率向上の目標値を与えるので有

用である．空気サイクルの主な仮定は次のとおりである．

①作動流体は理想気体であり，その物性値は標準状態の空気の値に等しい．

②圧縮および膨張行程は断熱過程である．

③閉鎖系とし，作動流体の流入および流出は起こらない．

④燃焼による発熱および燃焼ガスの排出による放熱は作動流体の加熱ならびに
冷却で置き換える．

2.2.1　サバテサイクル

複合サイクルとも呼ばれ，一般の往復動式内燃機関の基本となるサイクルである．その PV 線図を図 2.2 に示す．図において，a, b がそれぞれ上死点ならびに下死点に相当する．1 の状態から断熱圧縮され 2 に至った気体は，等容加熱（Q_{1v}）により 2′ に達する．等圧加熱（Q_{1p}）され 3 に達した後，断熱膨張により 4 に至る．さらに，等容冷却（Q_2）で元の状態 1 へ戻り，サイクルを完了する．ただし，熱量 Q_{1v} および Q_{1p} は加熱を正，Q_2 は冷却を正とする．122′341 で囲まれた領域の面積が 1 サイクル中に作動流体がピストンに対してなす仕事である．図 2.3 は，これに相当する TS 線図である．熱力学的状態に相当する図中の番号は，図 2.2 に示す PV 線図のそれに対応している．熱量 Q_{1v}, Q_{1p} および Q_2 は，それぞれ図中の面積 $c22′d$, $d2′3e$ ならびに $c14e$ に相当する．

理論熱効率は次式で表される．

$$\eta_{th} = 1 - \frac{Q_2}{Q_1} = 1 - \frac{Q_2}{Q_{1v} + Q_{1p}} \tag{2.11}$$

熱量は次式により与えられる．

$$Q_{1v} = mC_v(T_{2'} - T_2) \tag{2.12}$$

$$Q_{1p} = mC_p(T_3 - T_{2'}) \tag{2.13}$$

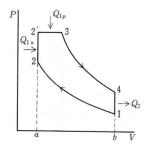

図 2.2　サバテサイクルの PV 線図

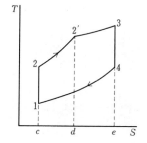

図 2.3　サバテサイクルの TS 線図

$$Q_2 = mC_v(T_4 - T_1) \tag{2.14}$$

ただし，m は空気の質量，C_v は定容比熱，C_p は定圧比熱である．式 (2.12) から (2.14) を式 (2.11) に代入すると，次式が得られる．

$$\eta_{th} = 1 - \frac{T_4 - T_1}{(T_{2'} - T_2) + \kappa(T_3 - T_{2'})} \tag{2.15}$$

ただし，κ は次式で定義される比熱比である．

$$\kappa = \frac{C_p}{C_v} \tag{2.16}$$

各状態における温度の間には次式が成立する．

$$T_2 = T_1 \left(\frac{V_1}{V_2}\right)^{\kappa-1} = T_1 \varepsilon^{\kappa-1} \tag{2.17}$$

$$T_{2'} = T_2 \frac{P_{2'}}{P_2} = T_2 \rho = T_1 \varepsilon^{\kappa-1} \rho \tag{2.18}$$

$$T_3 = T_{2'} \frac{V_3}{V_{2'}} = T_{2'} \frac{V_3}{V_2} = T_{2'} \sigma = T_1 \varepsilon^{\kappa-1} \rho \sigma \tag{2.19}$$

$$T_4 = T_3 \left(\frac{V_3}{V_4}\right)^{\kappa-1} = T_3 \left(\frac{\sigma}{\varepsilon}\right)^{\kappa-1} = T_1 \sigma^\kappa \rho \tag{2.20}$$

ただし，ε, ρ および σ はそれぞれ圧縮比，圧力比ならびに締切比であり，次式で定義される．

$$\varepsilon = \frac{V_1}{V_2} \tag{2.21}$$

$$\rho = \frac{P_{2'}}{P_2} \tag{2.22}$$

$$\sigma = \frac{V_3}{V_2} \tag{2.23}$$

式 (2.17)〜(2.20) を式 (2.15) に代入すると，次式が得られる．

$$\eta_{th} = 1 - \frac{1}{\varepsilon^{\kappa-1}} \cdot \frac{\sigma^\kappa \rho - 1}{(\rho - 1) + \kappa \rho(\sigma - 1)} \tag{2.24}$$

上式より，ε および ρ が大きく，σ が 1 に近づくほど，理論熱効率は高いことがわかる．

理論平均有効圧力は次式で与えられる．

$$P_{th} = \frac{Q_1 - Q_2}{V_s} = \frac{Q_1 \eta_{th}}{V_s} = \frac{(Q_{1v} + Q_{1p}) \eta_{th}}{V_s} \tag{2.25}$$

$$V_s = \frac{\varepsilon - 1}{\varepsilon} V_1 = \frac{\varepsilon - 1}{\varepsilon} \frac{mRT_1}{P_1} \tag{2.26}$$

ここで，R は気体定数である．これらの式より次式が導かれる．

$$P_{th} = \frac{P_1(Q_{1v} + Q_{1p})}{mRT_1} \cdot \frac{\varepsilon}{\varepsilon - 1} \cdot \left[1 - \frac{1}{\varepsilon^{\kappa - 1}} \cdot \frac{\sigma^\kappa \rho - 1}{(\rho - 1) + \kappa \rho (\sigma - 1)} \right] \tag{2.27}$$

2.2.2 オットーサイクル

定容サイクルとも呼ばれ，火花点火機関の基本となるサイクルである．その PV 線図を図 2.4 に示す．1 の状態から断熱圧縮され 2 に至った気体は，等容加熱 (Q_1) され 3 に達する．さらに，断熱膨張により 4 に達した後，等容冷却 (Q_2) されて元の状態 1 へ戻りサイクルを完了する．これに相当する TS 線図を図 2.5 に示す．熱量 Q_1 および Q_2 は，それぞれ図中の面積 $a23b$ ならびに $a14b$ で表される．

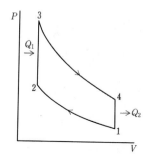
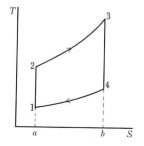

図 2.4 オットーサイクルの PV 線図 　図 2.5 オットーサイクルの TS 線図

オットー（定容）サイクルでは $Q_{1p} = 0$ すなわち $\sigma = 1$ であるから，式 (2.24) より理論熱効率は次式となる．

$$\eta_{th} = 1 - \frac{1}{\varepsilon^{\kappa - 1}} \tag{2.28}$$

式 (2.28) より，オットーサイクルの熱効率は供給熱量に関係なく圧縮比および比熱比のみによって決まり，これらが大きくなるほど上昇することがわかる．なお，理論平均有効圧力は次式で与えられる．

$$P_{th} = \frac{P_1 Q_1}{mRT_1} \cdot \frac{\varepsilon}{\varepsilon - 1} \cdot \left[1 - \frac{1}{\varepsilon^{\kappa - 1}} \right] \tag{2.29}$$

2.2.3　ディーゼルサイクル

　定圧サイクルとも呼ばれ，大型ディーゼル機関の基本となるサイクルである．その PV 線図ならびに TS 線図を図 2.6 ならびに図 2.7 に示す．1 の状態から断熱圧縮され 2 に達した気体は，等圧加熱（Q_1）され 3 に至る．断熱膨張により 4 に達した後，等容冷却（Q_2）で元の状態 1 へ戻りサイクルを完了する．ディーゼル（定圧）サイクルでは $Q_{1v} = 0$ すなわち $\rho = 1$ であるから，式（2.24）ならびに式（2.27）より理論熱効率および理論平均有効圧力が次式のように導かれる．

$$\eta_{th} = 1 - \frac{1}{\varepsilon^{\kappa - 1}} \cdot \frac{\sigma^{\kappa} - 1}{\kappa (\sigma - 1)} \tag{2.30}$$

$$P_{th} = \frac{P_1 Q_1}{mRT_1} \cdot \frac{\varepsilon}{\varepsilon - 1} \cdot \left[1 - \frac{1}{\varepsilon^{\kappa - 1}} \cdot \frac{\sigma^{\kappa} - 1}{\kappa (\sigma - 1)} \right] \tag{2.31}$$

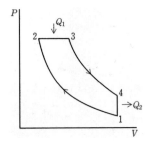 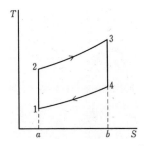

図 2.6　ディーゼルサイクルの PV 線図　　　図 2.7　ディーゼルサイクルの TS 線図

2.2.4　ミラー（アトキンソン）サイクル

　熱効率向上を目的とし，オットーサイクルの膨張比を圧縮比よりも大きくしたサイクルをミラーサイクルまたはアトキンソンサイクルと呼ぶ．2.2.1〜2.2.3 項のサイクルでは，加熱量の一部が等容冷却過程で低温熱源に捨てられる．ミラー（アトキンソン）サイクルでは十分な膨張行程を確保することで，等容冷却により捨てられる熱量の一部を仕事として取り出し，熱効率を向上させている．図 2.8 にミラー（アトキンソン）サイクルの PV 線図を示す．ミラーサイクルとアトキンソンサイクルは，理論サイクルとしては同一のサイクルである．圧縮行程と膨張行程の長さを変える方法として，クランク機構に副リンクを用いてピストンの

可動範囲を変える方法（アトキンソンサイクル）と，幾何学的な圧縮比と膨張比は変更せずに吸気弁の閉じる時期を下死点から早めるもしくは遅らせる（早閉じまたは遅閉じ）ことで有効な圧縮比を変える方法（ミラーサイクル，あるいは疑似アトキンソンサイクル）がある．前者は複雑なリンク機構，後者は可変バルブタイミング機構などが必要となる．現在の自動車用機関では可変バルブタイミング機構が搭載されてい

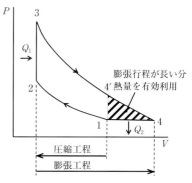

図 2.8　ミラーサイクルの *PV* 線図

るものが多くあり，後者の方法でミラーサイクルが実現されている例が多い．ミラー（アトキンソン）サイクルを採用した機関は，有効な排気量が低下するため，同一排気量の機関と比較して出力が低下する．これを補うために過給機を搭載した機関（ターボ過給機関）や，電気モータと組み合わせた機関（ハイブリッド機関）として利用されることが多い．また，低出力域ではミラー（アトキンソン）サイクルに，高出力域ではオットーサイクルに近いサイクルで動作させることにより，高出力と高熱効率の両立を図っている例もある．

　ミラー（アトキンソン）サイクルの熱効率はサバテサイクルの理論熱効率から導くことはできない．熱量は次式により与えられる．

$$Q_1 = mC_v(T_3 - T_2) \tag{2.32}$$

$$Q_2 = mC_p(T_4 - T_1) \tag{2.33}$$

よって，熱効率を作動流体の各状態における温度で表すと次式になる．

$$\eta_{th} = 1 - \frac{\kappa(T_4 - T_1)}{T_3 - T_2} \tag{2.34}$$

　各状態における温度は，T_2，T_3 および $T_{4'}$ についてはオットーサイクルと同じであり，$\sigma = 1$ であるから式 (2.17)，(2.19)，(2.20) は次式になる．

$$T_2 = T_1 \varepsilon^{\kappa-1} \tag{2.17'}$$

$$T_3 = T_1 \varepsilon^{\kappa-1} \rho \tag{2.19'}$$

$$T_{4'} = T_1 \rho \tag{2.20'}$$

状態 4′ から 1 は等容冷却なので次式が成り立つ．

$$P_{4'} = \frac{T_{4'}}{T_1} P_1 = P_1 \rho \tag{2.35}$$

状態 4′ から 4 は断熱膨張なので次式が成り立つ.

$$V_4 = V_{4'}\left(\frac{P_{4'}}{P_4}\right)^{\frac{1}{\kappa}} = V_1\left(\frac{P_{4'}}{P_1}\right)^{\frac{1}{\kappa}} = V_1\rho^{\frac{1}{\kappa}} \tag{2.36}$$

状態 4′ から 1 は等圧冷却なので次式が成り立つ.

$$T_4 = T_1\left(\frac{V_4}{V_1}\right) = T_1\rho^{\frac{1}{\kappa}} \tag{2.37}$$

式 (2.17′), (2.19′), (2.20′) および (2.36) を式 (2.34) に代入することで次式が得られる.

$$\eta_{th} = 1 - \frac{\kappa(\rho^{1/\kappa}-1)}{(\varepsilon^{\kappa-1}\rho - \varepsilon^{\kappa-1})} = 1 - \frac{1}{\varepsilon^{\kappa-1}}\cdot\frac{\kappa(\rho^{1/\kappa}-1)}{\rho-1} \tag{2.38}$$

ここで, ρ を 1 に近づけるとミラー (アトキンソン) サイクルの理論熱効率がオットーサイクルの理論熱効率に上から収束することがわかる. 理論平均有効圧力は次のように導かれる.

$$P_{th} = \frac{P_1 Q_1}{mRT_1}\cdot\frac{\varepsilon}{\varepsilon-1}\left[1 - \frac{1}{\varepsilon^{\kappa-1}}\cdot\frac{\kappa(\rho^{1/\kappa}-1)}{\rho-1}\right] \tag{2.39}$$

膨張比 ε' は次式のように決まる.

$$\varepsilon' = \frac{V_4}{V_2} = \frac{V_1}{V_2}\rho^{\frac{1}{\kappa}} = \varepsilon\rho^{\frac{1}{\kappa}} \tag{2.40}$$

2.3 熱効率の比較

TS 線図を利用して, いくつかの条件においてオットーサイクルとディーゼルサイクルの理論熱効率の比較を行う.

a. 初温, 供給熱量および圧縮比が同一の場合

TS 線図は図 2.9 のようになる. 図中の 23_o は等容線, 23_d は等圧線を示し, そ

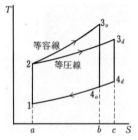

図 2.9 圧縮比一定の場合のサイクル比較

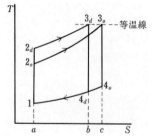

図 2.10 最高温度一定の場合のサイクル比較

れら曲線下部の面積が供給熱量に対応する．供給熱量が同一であるから，次式が成立する．

$$Q_{1o}(a23_ob) = Q_{1d}(a23_dc) \tag{2.41}$$

また，図から明らかなように，冷却熱量について次式が成立する．

$$Q_{2o}(a14_ob) < Q_{2d}(a14_dc) \tag{2.42}$$

したがって，式 (2.11) より熱効率に関して次式が成立する．

$$\eta_o > \eta_d \tag{2.43}$$

すなわち，TS 線図における等容線の勾配が等圧線のそれよりも大きいため，圧縮比が同一であればオットーサイクルの最高温度が高く，エントロピーの変化が小さいので，熱効率は高くなる．

b. 初温，供給熱量および最高温度が同一の場合

TS 線図は図 2.10 のようになる．前述のように，供給熱量に関して次式が成立する．

$$Q_{1o}(a2_o3_oc) = Q_{1d}(a2_d3_db) \tag{2.44}$$

また，冷却熱量について次式が成立する．

$$Q_{2o}(a14_oc) > Q_{2d}(a14_db) \tag{2.45}$$

したがって，熱効率について次式が成立する．

$$\eta_o < \eta_d \tag{2.46}$$

初温および最高温度が等しい場合，ディーゼルサイクルの方がよりカルノーサイクルに近いので，熱効率が高くなる．

c. 初温，供給熱量が同一で圧縮比が異なる場合

オットーサイクルの TS 線図は図 2.11 のようになる．前述と同様に，次式が成立する．

$$Q_1(a23c) = Q_{1'}(a2'\,3'\,b) \tag{2.47}$$

$$Q_2(a14c) > Q_{2'}(a14'\,b) \tag{2.48}$$

したがって，熱効率について次式が成立する．

$$\eta < \eta' \tag{2.49}$$

このように，圧縮比の上昇とともに最高温度が上昇し，熱効率は上昇する．

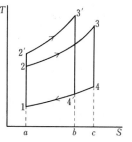

図 2.11 圧縮比が異なる場合のサイクル比較

2.4 燃料空気サイクル

　実際の機関における作動流体は，空気，燃焼ガス，燃料蒸気，あるいはそれらの混合気からなる．このような作動流体によるサイクルは燃料空気サイクルと呼ばれ，空気サイクルより低く実際の機関に近い熱効率を与える．また，空気サイクルでは得られない事実が現れる．一般に，気体の比熱は温度上昇に伴って上昇するため，最高温度の上昇が抑えられ，そのため熱効率が低下する．このほか，熱解離による発熱量の減少なども熱効率低下の原因になる．燃料空気サイクルの熱効率と空燃比との関係を図2.12に示す．図の横軸の空燃比は機関に供給された空気質量と燃料質量の比であり，この値が大きいほど燃料希薄となる．空気サイクルの熱効率は空燃比によらず一定であるが，燃料空気サイクルのそれは空燃比とともに上昇する．このような結果に基づいて，実際の機関においても希薄燃焼による熱効率向上が図られている．

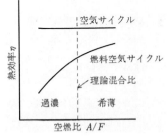

図2.12　熱効率と空燃比の関係

2.5 実際のサイクル

　実際の機関の熱効率は燃料空気サイクルの値よりもさらに低下する．火花点火機関を例にとり，両サイクル間の差の主な原因を以下に述べる．図2.13は，実際の火花点火機関の燃焼室内圧力線図と燃料空気サイクルを示したものである．なお，図中の曲線3′4′およびd4″は断熱線である．図から明らかなように，実際の機関のサイクルで得られる仕事は燃料空気サイクルのそれに比べて小さい．

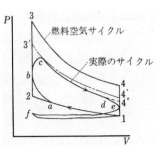

図2.13　実際のサイクルと燃料空気サイクルとの比較

a. 燃焼の時間遅れ

　燃料空気サイクルでは，上死点において全燃料が燃焼し発熱するものとしている．しかし，実際の火花点火機関の燃焼室内においては，火炎伝播により燃焼が進行するため，熱発生にはある程度の時間が必要となる．したがって，上死点より少し前*a*で点火し，上死点後適当な時期*c*に燃焼が終了するよう設定されてい

る．このため，最高圧力は燃料空気サイクルよりも低下し，膨張行程中にも発熱がある．このような損失は図の面積 *a23′ cba* に相当する．

b. 燃焼室壁での熱損失

燃焼後は，高温ガスが燃焼室壁に接触するため熱損失が顕著になり，最高温度および圧力の低下が生じる．これが図の面積 4″ *c3′* 34 に相当する．

c. ガス交換損失

燃料空気サイクルでは下死点においてガス交換が行われるものとした．しかし，実際に燃焼ガスが流出するためにはある程度の時間が必要である．したがって，下死点前 *d* において排気弁を開き燃焼ガスを排出する．このため，断熱線 *d4″* よりも燃焼室内圧力が低下し，面積 *de4″* に相当する仕事が損失となる．さらに吸排気系内流動抵抗のため燃焼室内圧力が周囲圧力に比べて排気行程では高く，吸気行程では低くなるため，面積 *ef*1 に相当する損失が生じる．

なお，ガス交換に関する詳細は次節を参照されたい．

d. 不完全燃焼

燃焼室壁近傍には冷却効果によって生じる消炎領域が常に存在する．このほか，失火，消炎などによる不完全燃焼が生じる．

e. 流動損失

ピストンの運動により燃焼室内に渦流が生じこれが損失となる．しかし，生じた渦流のため燃焼が改善される可能性がある．

f. 作動流体の漏洩

ピストンリングからの作動流体の漏洩があり，これが仕事の減少をもたらす．

2.6 吸 ・ 排 気

2.6.1 4ストローク機関のガス交換損失

4ストローク機関では，ピストンの運動により，燃焼室内の燃焼ガスを外部に排出し，また燃焼室内へ新気を吸入する．この際に，吸排気系の流動抵抗により損失が生じる．図2.14は，排気行程，吸気行程および圧縮行程初期を含む期間における燃焼室内圧力線図を示したものである．燃焼室内の燃焼ガスを外部に排出するにはある程度の時間が必要となるため，膨張行程の下死点より少し前に排気弁を開く．そうすると，燃焼室内の圧力が1→3と推移し，下死点において排気弁を開く場合の圧力1→2に比べて低下するので，*A* の部分に相当する仕事が減少する．これを排気吹出損失という．排気行程においては，排気系の流動抵抗により

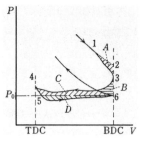

図 2.14 4 ストローク機関のガス交換損失

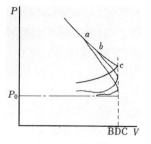

図 2.15 排気損失

燃焼室内圧力は外部の圧力より高く，3→4 と推移する．吸気行程では，吸気系の流動抵抗のため，初期を除いて外部の圧力より低く，燃焼室内圧力は 4→5→6 と変化する．理論サイクルでは吸気および排気に要する仕事はゼロであるのに対して，実際のサイクルでは上述の理由により余分な仕事が必要であり，これらが損失となる．図中の $(B+C)$ に相当する仕事を排気押出損失という．また，D に相当する仕事を吸入損失という．

図 2.15 は，排気弁開時期が異なる場合の圧力線図である．a のように排気弁開時期が早期の場合，膨張行程終期における燃焼室内の圧力降下が著しく，排気吹出損失が増大する．c のように排気弁開時期が遅れると，排気吹出損失は減少するが，排気押出損失が増大する．b は排気弁開時期が適正な場合であり，両者の和が最小となる．

図 2.14 の $(C+D)$ に相当する仕事をポンプ損失と呼ぶ．また，この損失仕事をもとにポンプ平均有効圧力 P_p が定義される．

$$P_p = \frac{\text{面積}\ (C+D)}{V_s} \tag{2.50}$$

火花点火機関のように吸気絞りにより出力の調整を行う機関では，低負荷において吸気絞りが行われる．この場合，燃焼室内圧力が低下するので，吸入損失が増大しその結果ポンプ損失が増大する．これを機関の制動に利用することもできる．

2.6.2 4ストローク機関の容積効率

ピストンの運動により，機関外部の空気が燃焼室内へ吸入されるが，空気フィルタ，絞り弁，吸気弁など流路抵抗があるため，燃焼室内圧力は外部よりも低下する．また，吸気管，吸気弁，燃焼室壁などにより吸入空気が加熱されてその温度が上昇する．これらの原因により吸入空気の密度が低下するため，吸気行程終

了時における燃焼室内新気の質量は，行程容積に相当する大気状態の新気質量よりも一般に小さくなる．機関の新気吸入作用の良否を表す尺度として，次式で定義される容積効率が用いられる．

$$\eta_v = \frac{V_{fa}}{V_s} = \frac{m_f}{m_s} \qquad (2.51)$$

ここで，V_{fa} は機関入口状態における吸入新気の容積，V_s は行程容積，m_f は吸入新気の質量，m_s は入口状態で行程容積を占める新気の質量である．容積効率が大きくなるほど機関の出力が増大する．自然吸気の自動車用ガソリン機関では $\eta_v = 0.85 \sim 1.05$ である．無過給条件でも昔に比べて数値が高いのは，直噴化により燃料の蒸発潜熱で筒内の吸入空気を冷却することができるようになったことと，流体の数値計算・可視化解析技術を駆使した流路の改善がなされたことが要因である．自動車用ディーゼル機関の場合，過給機を搭載しているのが一般的である．過給機付きディーゼル機関では $\eta_v = 1.2 \sim 2.2$（大気圧基準）である．

　機関外部の大気条件が異なれば容積効率が異なり，機関の新気の吸入性能を比較できないことになる．そこで，標準状態の圧力 P_0 および温度 T_0 を基準として機関の吸入性能を表すため，次式で表される充てん効率が用いられる．

$$\eta_c = \frac{V_{f0}}{V_s} = \frac{m_f}{m_{s0}} \qquad (2.52)$$

ここで，V_{f0} は標準状態における新気の容積，m_{s0} は標準状態で行程容積を占める新気の質量である．機関入口状態の圧力，温度を P_a，T_a とすれば，η_v と η_c との関係は次のようになる．

$$\eta_c = \frac{P_a T_0}{P_0 T_a} \eta_v \qquad (2.53)$$

2.6.3　容積効率に及ぼす諸因子の影響

a. 吸気管がない場合

　吸気管が短い場合あるいは低速で機関が運転される場合，吸気管の影響が無視できる．理想気体の状態方程式が成立するものとすると，吸気終了時における燃焼室内ガスの質量 m_z は次式で表される．

$$m_z = \frac{(V_c + V_s)P_s}{R T_s} \qquad (2.54)$$

ここで，P_s および T_s は吸気行程終了時の燃焼室内ガスの圧力ならびに温度，V_c

は隙間容積，V_s は行程容積である．吸入行程開始時期における残留ガスの圧力および温度をそれぞれ P_r および T_r とすると，その質量は次式により表される．

$$m_r = \frac{V_c P_r}{R T_r} \tag{2.55}$$

新気の質量は次式で与えられる．

$$m_f = m_z - m_r \tag{2.56}$$

m_s は次式で表される．

$$m_s = \frac{V_s P_a}{R T_a} \tag{2.57}$$

したがって，容積効率は次式となる．

$$\eta_v = \frac{m_f}{m_s} = \frac{m_z - m_r}{m_s} = \frac{\dfrac{(V_c + V_s) P_s}{T_s} - \dfrac{V_c P_r}{T_r}}{\dfrac{V_s P_a}{T_a}} \tag{2.58}$$

ここで，圧縮比 ε は次式で表すことができる．

$$\varepsilon = \frac{V_c + V_s}{V_c} \tag{2.59}$$

この圧縮比を用いて式（2.58）を変形すると，次式が得られる．

$$\eta_v = \frac{\varepsilon}{\varepsilon - 1} \cdot \frac{T_a P_s}{T_s P_a} \left(1 - \frac{P_r T_s}{\varepsilon P_s T_r} \right) \tag{2.60}$$

残留ガスの圧力は吸気行程終了時の燃焼室内圧力に近い値となるが，その温度はかなり高いので，式（2.60）は近似的に次のように表すことができる．

$$\eta_v \doteqdot \frac{\varepsilon}{\varepsilon - 1} \cdot \frac{T_a P_s}{T_s P_a} \tag{2.61}$$

式（2.61）より，容積効率を高めるには，吸気系の流動損失を小さくすることによって吸気行程終了時の燃焼室内圧力 P_s の低下を防ぎ，大気圧力 P_a に近づけることが重要であることがわかる．また，吸気管などからの熱伝達による吸気の温度上昇を抑え，吸気行程終了時の燃焼室内温度 T_s を低くすることも有効である．

　吸気弁部における絞りが容積効率に大きな影響を及ぼすことが知られている．この効果を表すのに次式で定義される吸気速度係数が用いられる．

$$M_s = \frac{u_p A_p}{a_s A_{vs} C_{ms}} \tag{2.62}$$

ここで，u_p は平均ピストン速度，a_s は吸気弁部における音速，A_p はピストン断面積，A_{vs} は吸気弁の最大開口面積である．また，C_{ms} は平均流量係数であり，通常 0.3～0.4 程度の値である．このような吸気速度係数を用いると，図2.16 に示すように，行程容積，吸気弁の大きさ，形状ならびに揚程に関係なく容積効率 η_v は 1 本の曲線で整理できることが知られている．図から明らかなように $M_s \geqq 0.5$ では容積効率は急激に減少する．M_s の値を小さくするため吸気弁の最大開口面積を増大させることが考えられるが，そのためには吸気弁の直径および数を増大させる必要がある．

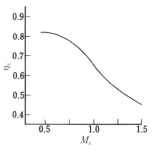

図2.16　容積効率と吸気速度係数との関係[1]

b. 吸気管の影響

吸気行程でピストンの吸入作用により吸気管の弁側に負圧が発生すると，負圧波となって管内を伝わり，開放端で反射された後に正圧波となって弁側に戻ってくる．このように，吸気管内には圧力の脈動が発生する．吸気弁開時に正圧波が到着すると容積効率が増大し，負圧波が存在すると容積効率は低下する．このように，吸気管内を伝播する圧力波が吸気行程に及ぼす影響を脈動効果という．吸気弁が開いて吸気管内の新気が燃焼室内へ流入するとき，その慣性のためピストンが下死点を過ぎてもなお空気の流入が続く．これを吸気の慣性効果と称する．これらの効果を有効に利用すれば，容積効率を向上させることができる．多気筒機関では，吸気マニホールドを経て各シリンダへ空気が供給されるが，各シリンダの吸気作用が干渉し合って，容積効率が変化する．これが吸気干渉である．

参 考 文 献

1) Tayler, C. F. : The Internal-Combustion Engine in Theory and Practice: Volume I : Thermodynamics, Fluid Flow, Performance, 2nd Ed., Reviced, The M. I. T. Press, 1985.

③ 燃　　　料

3.1 内燃機関用燃料

　内燃機関用燃料に対する要件は，低発熱量，密度，揮発性，粘度，夾雑物，組成，引火性，着火性，耐ノック性，燃焼特性，残留炭素，灰分，流動性，安全性，貯蔵安定性，腐食性，可搬性，供給安定性，環境適合性，経済性などである．これら要件に関する総合的評価から，最適な燃料として石油系液体燃料が主として使用されている．そのほか，天然ガスをはじめとする気体燃料，また最近はカーボンニュートラルの観点から植物などを原料とするバイオ燃料も利用され始めている．表3.1に代表的な燃料の特性を示す．

　石油系液体燃料は原油を蒸留して適当な沸点範囲の留分を採取し，それを精製して製造される．原油には数千の炭化水素と少量の硫黄，窒素，バナジウム，ニッケル，鉄などが含まれる．炭化水素は炭素と水素からなる化合物でパラフィン，ナフテン，オレフィンおよび芳香族の4種類に大別される．原油の組成を図3.1

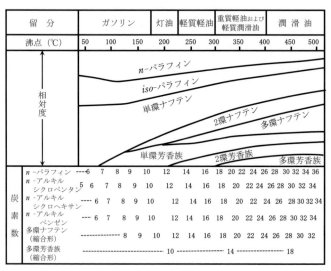

図3.1　原油の組成（文献[3]を和訳したうえで転載）

表 3.1 代表的な燃料の特性

燃料	分子式	沸点 (°C)	液体密度 (kg/m³)	低発熱量 (MJ/kg)	リサーチオクタン価 (RON)	モータオクタン価 (MON)	セタン価 (CN)
メタン	CH_4	−161	425	50	120	120	0
エタン	C_2H_6	−89	548	47.5	114.9	99	—
プロパン	C_3H_8	−42	582	46.3	111	96.6	5
ノルマルブタン	C_4H_{10}	0	579	45.7	94	89.1	(22)
イソブタン（2-メチルプロパン）	C_4H_{10}	−12	563	45.6	102.1	97	—
ノルマルペンタン	C_5H_{12}	36	626	45.4	61.8	63.2	(30)
イソペンタン（2-メチルブタン）	C_5H_{12}	28	616	45.2	93	89.7	(21)
ノルマルヘキサン	C_6H_{14}	69	661	44.8	24.8	26	(44.8)
2-メチルペンタン	C_6H_{14}	61	653	44.7	73.4	73.5	(34)
ノルマルヘプタン	C_7H_{16}	98	684	44.9	0	0	(56.3)
メチルシクロヘキサン	C_7H_{14}	98	764	43.4	74.8	71.1	(20)
ノルマルオクタン	C_8H_{18}	126	703	44.4	0	0	(63.8)
イソオクタン（2,2,4-トリメチルペンタン）	C_8H_{18}	99	692	44.3	100	100	(21)
ノルマルデカン	$C_{10}H_{22}$	174	730	44.6	—	—	(76.9)
ノルマルドデカン	$C_{12}H_{26}$	216	750	44.1	—	—	(87.6)
ノルマルヘキサデカン（セタン）	$C_{16}H_{34}$	287	773	44.3	—	—	100
エチレン	C_2H_4	−104	577	47.2	(97.3)	(75.6)	—
アセチレン	C_2H_2	−84	615	48.2	(80)	—	—
ベンゼン	C_6H_6	80	885	40.2	(101)	(93)	(0)
トルエン	C_7H_8	111	870	40.6	120.1	103.5	(−5)
エチルベンゼン	C_8H_{10}	136	867	40.9	107.4	97.9	(4)
m-キシレン	C_8H_{10}	139	860	41	117.5	115	(−1)
p-キシレン	C_8H_{10}	138	861	40.8	116.4	109.8	(−4)
1,2,4-トリメチルベンゼン	C_9H_{12}	170	876	41	110.5	103.5	(8.9)
メタノール	CH_4O	65	792	19.3	(122)	(93)	(5)
エタノール	C_2H_6O	78	789	26.7	111	(96)	(12)
MTBE	$C_5H_{12}O$	55	745	36	118	(101)	—
ETBE	$C_6H_{14}O$	71	747	37.9	117	(102)	2.5
2-ジメチルフラン（2MF）	C_5H_6O	65	913	31.2	103	—	—
2,5-ジメチルフラン（DMF）	C_6H_8O	92	890	32.9	101.3	—	—
ジメチルエーテル（DME）	C_2H_6O	−24	735	28.7	—	—	55〜60
水素	H_2	−253	71	121	130 以上	—	—
プレミアムガソリン（JIS 1 号）	—	180 以下	783 以下	44〜47	96.0 以上	—	—
レギュラーガソリン（JIS 2 号）	—	180 以下	783 以下	44〜47	89.0 以上	—	—
軽油（JIS 1 号）	—	360 以下	860 以下	43〜48	—	—	50 以上**
軽油（JIS 2 号）	—	350 以下	860 以下	43〜48	—	—	45 以上**

* 90%留出温度
** セタン指数
RON, MON, 実測値（主な出典：Demirbas ほか, 2015[1]）
（ ）は Group Contribution Method による推定値（出典：Kubic, 2016[2]）

に示す．また図 3.2 は石油精製プロセス例である．原油は常圧蒸留装置により，LPG，ナフサ，灯油，軽油および残油に分けられる．ナフサは，石油化学原料となるほか，水素化精製により硫黄分を除去し，接触改質プロセスにより改質ガソ

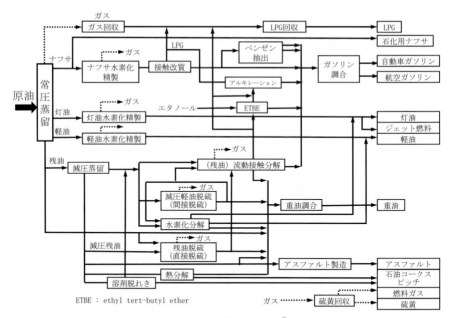

図3.2 石油精製プロセス例[5]

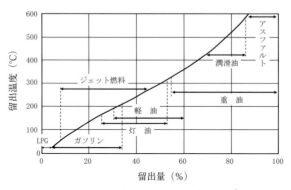

図3.3 原油の蒸留曲線と石油製品留出温度[4]

リンとし，芳香族炭化水素の原料またはガソリンの高オクタン価調合材とする．
灯油分は，水素化精製により硫黄分，窒素分を除去し，そのまま製品灯油または
ジェット燃料とする．軽油分は，超深度水素化脱硫装置により硫黄分を除去
（10 wtppm 以下）しディーゼル軽油とする．図3.3は主な石油系燃料・製品が原
油のどの沸点範囲から製造されているかを示している．

3.2 火花点火機関用燃料

　火花点火機関には主としてガソリンが用いられる．現在市販されているガソリンのうち大部分を占める自動車用ガソリンにはプレミアム級（JIS 1号）とレギュラ級（JIS 2号）の2種類がある（表3.2）．

　排ガス浄化用触媒保護のため，オクタン価を向上させる鉛化合物は添加されていない．特に重要な特性は，オクタン価で表示される耐ノック性と揮発性である．第2章で述べたように，機関の圧縮比が上昇すると，最高温度が上昇し熱効率が向上する．しかしながら，火花点火機関では，異常燃焼の1つであるノック（ノッキング）が生ずるため高圧縮比による高効率化が阻まれている．ノックの起こりやすさは燃料の種類によって異なり，ノックに対する抵抗を耐ノック性という．

表3.2　自動車ガソリンのJIS規格：JIS K2202-2012[4]

試験項目		種類			
		1号	1号（E）	2号	2号（E）
オクタン価（リサーチ法）		96.0以上		89.0以上	
密度（15℃）　　　g/cm^3		0.783以下			
蒸留性状（減失量加算） 10%留出温度　　℃		70以下			
50%留出温度　　℃		75以上	70以上	75以上	70以上
℃		110以下	105以下[a]	110以下	105以下[a]
90%留出温度		180以下			
終点　　　　　　℃		220以下			
残油量　　体積分率%		2.0以下			
銅板腐食（50℃, 3 h）		1以下			
硫黄分　　質量分率%		0.0010以下			
蒸気圧（37.8℃）　kPa		44以上	44以上	44以上	44以上
		78以下[b]	78以下[b,c]	78以下[b]	78以下[b,c]
実在ガム　　mg/100 ml		5以下[d]			
酸化安定度　　　　min		240以上			
ベンゼン　　体積分率%		1以下			
MTBE　　　体積分率%		7以下			
エタノール　体積分率%		3以下	10以下	3以下	10以下
酸素分　　　体積分率%		1.3以下	1.3超 3.7以下	1.3以下	1.3超 3.7以下
色		オレンジ系色			

a）エタノールが3%（体積分率）超えで，かつ，冬季用のものの50%留出温度の下限値は65℃とする．エタノールが3%（体積分率）以下のものの50%留出温度は75℃以上110℃以下とする．

b）寒候用のものの蒸気圧の上限値は93 kPaとし，夏季用のものの蒸気圧の上限値は65 kPaとする．

c）エタノールが3%（体積分率）超えで，かつ，冬季用のものの蒸気圧の下限値は55 kPa，さらにエタノールが3%（体積分率）超えで，かつ，外気温が−10℃以下となる地域に適用するものの蒸気圧の下限値は60 kPaとする．

d）ただし，未洗実在ガムは20 mg/100 ml以下とする．

耐ノック性は運転条件，使用機関などにより異なるので，特定の試験用機関で標準燃料と比較する方法が採用されている．試験用機関として使用される CFR 機関は，単シリンダ火花点火機関であり，運転中に圧縮比を変えることができる．まず，供試燃料により試験用機関を運転し，標準の強さのノックが生じる圧縮比を求める．ついで，イソオクタン（2,2,4-トリメチルペンタン）と n-ヘプタンとの混合物である標準燃料を用いて混合割合を変えながら試験用機関を運転する．供試燃料の場合と同一圧縮比でノックが生ずるときの標準燃料中のイソオクタンの容積割合を供試燃料のオクタン価という．オクタン価 100 以上の燃料に対しては，イソオクタンに四エチル鉛を添加したものを標準燃料とする．オクタン価測定法には，エンジン回転数（回転速度）600 rpm のリサーチ法（JIS K 2280-1）と 900 rpm のモータ法（JIS K 2280-2）がある．モータ法の方が機関回転数や温度が高く条件がより過酷である．リサーチ法オクタン価（RON）は低速運転時，モータ法オクタン価（MON）は高速運転時における燃料の耐ノック性を表している（各種燃料の RON，MON は表 3.1 参照）．オクタン価は炭化水素の分子構造に関係があり，パラフィン系炭化水素では炭素鎖が短くなりメチル基が結合するとオクタン価が高くなる．芳香族炭化水素はほかの炭化水素に比べて著しくオクタン価が高い．リサーチ法オクタン価とモータ法オクタン価とは若干異なり，その差をセンシティビティという．低速から高速まで十分な耐ノック性を確保するためにはセンシティビティが小さい方が望ましい．

　液体燃料の揮発性は機関の性能を大きく支配する因子であり，オクタン価とならんで重要な特性である．これは，燃料の蒸留特性，蒸気圧などにより評価される．液体燃料の蒸留特性を調べる代表的な方法として ASTM 蒸留法が用いられる．大気圧下で燃料を加熱し飽和蒸気になったものを加熱装置の外に取り出し冷却して，留出量［%］と蒸留温度の関係を求めるものである．そのほか，平衡空気蒸留法がある．

　ガソリンの蒸留範囲は 30～200℃ 程度である．ガソリンの揮発性は，蒸気圧や蒸留性状（主に 10，50 および 90%留出温度）が指標となる．蒸気圧は一般に 37.8℃ の値が用いられる．蒸気圧と 10%留出温度（主に炭素数 4 以下の極軽質成分の含有量を反映）は相関が高い．冬季の低温始動性には 10%留出温度が低い（蒸気圧が高い）ことが要求される．一方，夏季や温間始動時は揮発性が高すぎるとベーパーロックなどが問題となるため，逆に 10%留出温度が高いことが求められる．ガソリンの軽質と重質留分の総合バランスを表す指標である 50%留出温度

は低温始動時や暖機途上の加
速性や運転性に影響を及ぼ
す．50%留出温度が高いと，
ヘジテーション，スタンブル，
サージなどの運転性，加速性
の不具合が生じる．なお，こ

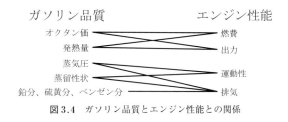

図3.4　ガソリン品質とエンジン性能との関係

うした運転性の指標としては，10%（T10），50%（T50），90%留出温度（T90）
を組み合わせたドライバビリティインデックス（DI＝1.5×T10＋3.0×T50＋1.0
×T90）が用いられる場合もある．そのほか，ガソリン品質と主なエンジン性能
の関係を図3.4にまとめた．排出ガスの環境影響低減のため，鉛，硫黄およびベ
ンゼンの含有量も低く抑えられている．

　ガソリン代替燃料として，エタノール，特にカーボンニュートラルな植物由来
のバイオエタノールが注目されている．オクタン価が高いという利点があるが，
発熱量が低いこと，蒸発潜熱が大きいこと，吸水性，腐食性などの欠点を有する
ことに注意を要する．わが国はJIS規格としてE3とE10がある．またエタノー
ルのガソリンへの混合方法には，直接混合する方法と，エタノールをエチルター
シャリーブチルエーテル（ETBE）にして混合する方法がある．そのほかの代替
燃料としては，天然ガスや水素などが挙げられる．天然ガスは供給安定性におい
て優れており，圧縮天然ガス（CNG）自動車が大半を占める．ガソリン車と比べ
てCO_2排出量は2割ほど削減でき，窒素酸化物や一酸化炭素などの排出量も少な
い．一方，デメリットとしては圧縮天然ガスを補給できる場所が少ないこと，1
充てんあたりの走行距離が短くガソリン車に及ばないことなどである．

3.3　圧縮点火機関用燃料

　圧縮点火機関はその回転数および出力が広範囲にわたるため，使用される燃料
の種類も多岐にわたる．自動車用，建設機械用，鉄道用などの小型高速機関には
軽油，船舶用，発電用などの中低速大型機関には重油が用いられる．自動車用デ
ィーゼル燃料としての軽油に要求される品質には，以下のことが挙げられる．な
お軽油の沸点範囲はおよそ170〜370℃である．

　①高速運転に必要な着火性を有していること

　②排ガス後処理装置に悪影響を及ぼさないこと（軽油中硫黄分による触媒の硫
　　黄被毒を含む）

③良好な噴霧を形成し，燃料噴射ポンプの摩耗防止に必要な適度な粘度と潤滑性を維持すること

④酸化安定性が良好で，デポジットを生成しないこと

⑤良好な燃焼を得るため適度な蒸留性状を有すること

⑥排気再循環（exhaust gas recirculation: EGR）ガス導入によるエンジン部品腐食防止およびパティキュレート中のサルフェート低減のため低硫黄分であること

⑦低温始動性・運転性確保のため低温流動性・濾過性を有すること

⑧燃料噴射ポンプなどのさび，摩耗防止のため，水分や夾雑物などが少ないこと

着火性は高速機関で重要な意味をもち，セタン価（表3.1参照）やセタン指数（JIS K 2280-5, 15℃における密度および10%，50%，90%留出温度とセタン価との相関関係式を用いて算出）などにより評価される．セタン価の測定に使用されるCFR機関は，単シリンダ圧縮点火機関であり，運転中に圧縮比を変えることができる．まず，供試燃料により試験用機関を運転し，上死点前一定時期に燃料を噴射し，上死点で発火する圧縮比を求める．ついで，セタン（セタン価100）とヘプタメチルノナン（セタン価15）との混合物である標準燃料を用いて混合割合を変えながら試験用機関を運転する．供試燃料の場合と同一圧縮比で同様の着火が生ずるときのセタン価は，次の式より決定する．

セタン価＝セタンの体積分率％＋0.15×ヘプタメチルノナンの体積分率％

軽油のセタン価は40〜60の範囲にあるが，C重油のセタン価は25程度である．高沸点パラフィン系炭化水素のセタン価が高く，芳香族炭化水素は低い値となる．

ほかの圧縮点火機関用燃料として，カーボンニュートラルなバイオディーゼル燃料，また液体燃料のほかには天然ガス，ジメチルエーテル（DME），水素などの気体燃料も利用可能である．

3.4 ガスタービン用燃料

ガスタービンでは燃料選択の自由度は比較的高い．従来から小型ガスタービンには主として灯油，軽油およびA重油が使用され，大型ガスタービンにはB重油ならびにC重油が利用されている．最近はCO$_2$削減対策の観点からガスタービンの燃料多様化が進んでおり，単体燃料として天然ガスやLNG，デュアル燃料として天然ガス／重油などが挙げられる．また，アンモニアを使用することも研究さ

れている．航空用ガスタービンでは燃料が飛行中低温になるので，粘性，ワックス析出，遊離水分の氷結などの低温における特性が重要である．また，火炎中で多量のすすが発生すると火炎輝度が上昇し，燃焼器に耐熱性の問題が生じる恐れがあるので，ルミノメータ数などにより規定している．このほか，着火性，微粒化特性，燃焼特性，熱安定性などが重要な要素である．民間航空機用には灯油形燃料（Jet A，Jet A-1）が使用される．軍用航空機の燃料としては，広範囲沸点燃料（JP-4）およびより安全な灯油形燃料（JP-5，JP-8）が使用されている．

参 考 文 献

1）Demirbas, D. *et al.*：Petroleum Science and Technology, **33**：1190-1197, 2015.

2）Kubic, W.：Los Alamos National Laboratory Report, LA-UR-16-25529, 2016.

3）Rossini, R. D. *et al.*：The work of the API research project 6 on the composition of petroleum, Proc. 5th World Petroleum Congress, Sect. V, 223-245, 1953.

4）石油連盟：石油製品の品質と規格，石油連盟広報室，2014.

5）石油学会編：新版 石油精製プロセス，講談社，2014.

6）金子タカシ：知っておきたい自動車用ガソリン．ENGINE REVIEW SOCIETY OF AUTOMOTIVE ENGINEERS OF JAPAN, **8**(1): 3-14, 2018.

7）小森豊明ほか：ガスタービンの燃料多様化による CO_2 削減対策．三菱重工技報，**44**(1): 6-8, 2007.

④ 燃　　　焼

4.1　燃 焼 の 基 礎

4.1.1　燃焼形態

　燃焼とは発熱，発光を伴う高速酸化反応であり，燃料と酸化剤の性状，混合過程，流動条件などによりさまざまな特徴を示す．燃料と酸化剤との混合過程により燃焼現象を分類すると，予混合燃焼と非予混合燃焼（拡散燃焼）とに大別できる．予混合燃焼は，燃料と酸化剤との混合により可燃性混合気が形成された後，酸化反応が生じる燃焼形態であり，予混合気中を火炎が伝播することにより反応および熱発生が進行する．燃料と酸化剤との混合過程には支配されないため燃焼が速やかで，すすの少ない不輝炎が発生しやすく，火炎温度が高いという特徴がある．予混合燃焼は，ブンゼンバーナ，火花点火機関などで用いられ，4.2節で概説する．非予混合燃焼は，燃料と酸化剤との拡散および混合と同時に酸化反応が進行する燃焼形態である．燃焼は主として拡散過程により律則されるので燃焼が緩慢で，すすを多く含む輝炎が発生しやすく，火炎温度は低い．ろうそくの燃焼，噴霧燃焼などがこれに相当し，4.4節において圧縮点火機関で用いられる噴霧燃焼について概説する．なお，各燃焼形態において現れる火炎をそれぞれ予混合火炎ならびに非予混合火炎（拡散火炎）と呼ぶ．

　流動条件により燃焼現象を分類すると，燃焼場が乱流である場合を乱流燃焼と呼び，層流場における燃焼が層流燃焼である．各燃焼形態により，反応速度，火炎形状，火炎輝度などが大きく異なる．内燃機関および実用燃焼機器では，ほとんどの場合乱流燃焼となる．また，燃焼は連続燃焼と間欠燃焼とに分類される．前者は燃料および酸化剤の供給が連続的な場合に生じ，ガスタービンなどにおいてみられる．後者は燃料の供給が間欠的な場合に生じる現象であり，圧縮点火機関，火花点火機関などの容積型内燃機関においてみられる．燃焼開始時における燃料および酸化剤の相による分類もなされている．空気などのように酸化剤が気相の場合，燃料が気相であれば均一燃焼，液相あるいは固相であれば不均一燃焼という．ただし，液体燃料が燃焼する場合でも，蒸発によりいったん気相に変化

した後気相の酸化剤と反応するので，局所的には均一燃焼とみなすことができる.

4.1.2 燃焼反応

炭化水素 C_nH_m と酸素分子との反応は，次のような簡単な化学反応式によって表される.

$$C_nH_m + \left(n + \frac{m}{4}\right)O_2 = nCO_2 + \frac{m}{2}H_2O \tag{4.1}$$

この式は 1 mol の炭化水素と $(n + m/4)$ mol の酸素が過不足なく反応することを示しており，化学量論式と呼ばれる. また，反応の最初と最後の化学種の組成を表しており，総括反応式とも呼ばれるが，実際の現象がこの反応によるわけではない. 多くの素反応と呼ばれる基本反応が連続的あるいは同時に進行し，最終的に式（4.1）で示す反応が完結する. H_2, CO, CH_4 などの簡単な分子の燃焼における素反応式についてはかなり明らかにされているが，一般の炭化水素については関連する化学種および素反応の数が膨大となり，その反応機構にはいまだ不明な点がある. H_2 と O_2 との反応における主たる素反応式を以下に示す.

$$H_2 + O_2 \rightarrow HO_2 + H \tag{4.2}$$

$$H_2 + O_2 \rightarrow H_2O_2 \rightarrow 2OH \tag{4.3}$$

$$H_2 + O_2 \rightarrow H_2O_2 \rightarrow H_2O + O \tag{4.4}$$

$$OH + H_2 \rightarrow H_2O + H \tag{4.5}$$

$$H + O_2 \rightarrow OH + O \tag{4.6}$$

$$O + H_2 \rightarrow OH + H \tag{4.7}$$

$$H + O_2 + M \rightarrow HO_2 + M \tag{4.8}$$

$$H, O, OH \rightarrow 安定分子 \tag{4.9}$$

ここで，H, O, OH などは反応しやすい活性化学種である. また，M は第 3 体分子であり，活性化学種を失活させる役割を果たす. 式（4.2），式（4.3）および式（4.4）は，安定分子から活性化学種が生じる反応であり，連鎖創始反応という. 式（4.5）は連鎖移動反応であり，反応により活性化学種の数は変化しない. 式（4.6）および式（4.7）では活性化学種の増殖が起こり，これらを連鎖分枝反応と呼ぶ. 式（4.8）および式（4.9）はそれぞれ気相停止反応ならびに表面停止反応を示し，これらにより活性化学種は安定分子に変わる.

次のような素反応において，

$$A + B \rightarrow C + D \tag{4.10}$$

反応生成物 C の反応速度は次式で表される.

$$\frac{dC_C}{dt} = kC_A C_B \tag{4.11}$$

ここで, C_A, C_B および C_C は化学種 A, B ならびに C のモル濃度, t は時間である. k は反応速度定数と呼ばれ, 次式で与えられる.

$$k = fT^n \exp\left(-\frac{E}{RT}\right) \tag{4.12}$$

ここで, f は頻度因子, E は活性化エネルギー, R は気体定数, T は温度であり, この式はアレニウスの法則に基づいたものであり, 修正アレニウスの式などと呼ばれる.

4.1.3 所要空気量と発熱量

$C_n H_m$ の燃料と空気 (N_2 : 79%, O_2 : 21% (体積比) とする) の総括反応式 (化学量論式) は, 式 (4.13) となる.

$$C_n H_m + \left(n + \frac{m}{4}\right)O_2 + 3.76\left(n + \frac{m}{4}\right)N_2 = nCO_2 + \frac{m}{2}H_2O + 3.76\left(n + \frac{m}{4}\right)N_2$$

$$\tag{4.13}$$

したがって, この燃料 1 kg の完全燃焼に必要な空気量は $(32n + 8m + 105.3(n + m/4))/(12n + m)$ kg であり, これを, 理論空気量あるいは量論空気量と呼ぶ. メタン ($n = 1$, $m = 4$) 1 kg の理論空気量は約 17.2 kg である.

燃料と空気との混合割合を表すのに種々の方法がある. 燃料と空気との質量比を燃空比と呼び, 理論空気量に相当する混合気の場合, 理論 (量論) 燃空比という. 燃空比の逆数が空燃比である. 実際に供給される混合気の燃空比を理論燃空比で除した値を当量比と呼ぶ. また, 混合気の空燃比を理論空燃比で除した値が空気過剰率 (空気比) であり, 当量比の逆数となる. 量論混合気では燃料の種類にかかわらず, 当量比ならびに空気過剰率は 1 となる.

燃料が完全燃焼した後最初の温度まで冷却される際に発生する熱量を発熱量と呼び, H_2 と O_2 の反応を例にとれば,

$$H_2 + (1/2)O_2 = H_2O(\text{liquid}) + 143.0\ [\text{MJ/kg}] \quad \text{または}$$

$$H_2 + (1/2)O_2 = H_2O(\text{gas}) + 120.6\ [\text{MJ/kg}]$$

のように記述される. 燃料に H が含まれる場合, 生成された H_2O が気相の場合と液相の場合に区別しなければならない. H_2O が凝縮してその蒸発潜熱が放出さ

れる場合の発熱量を高発熱量，水蒸気のままの場合を低発熱量という．一般的に内燃機関では，水蒸気は排気中に含まれたまま外部に放出されるので，利用できるのは後者である．各種燃料の低発熱量は表3.1に示されている．

4.1.4 燃焼温度と組成

混合気が断熱の条件下で燃焼する場合の温度を，断熱火炎温度と呼ぶ．完全燃焼を仮定すると，比較的簡単に火炎温度を推定することができる．まず，総括反応式により燃焼後の組成，発熱量 q および比熱 C を求め，それらを用い，$T = T_0 + q/C$（T_0：未燃混合気の温度）により火炎温度を求める．このようにして求めた火炎温度は熱解離を考慮していないため実際よりも高くなる．

炭化水素が燃焼する際には，完全燃焼成分の CO_2，H_2，O_2 だけでなく，それらの熱解離によって生じた CO，OH，H，O などの化学種も同時に存在する．したがって，これらの化学種の間に化学平衡が成立するものとして，温度ならびに組成を求める必要がある．混合気が定圧下で燃焼する場合，まず火炎温度を仮定し，その温度における各化学種の平衡組成を求める．次に，温度と平衡組成より燃焼ガスのエンタルピーを求め，生成熱を含めたエンタルピーと比較する．このようにして，燃焼前後のエンタルピーが等しくなるまで繰り返し計算を行うと，断熱火炎温度と同時に平衡組成が計算できる．代表的な燃料と空気との混合気が燃焼したときの断熱火炎温度を図4.1に示す．図から明らかなように，当量比が1よりもやや大きい条件，すなわち，理論混合比よりもやや燃料過濃側で最高温度に

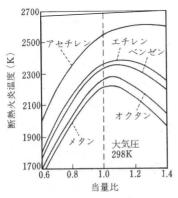

図4.1 断熱火炎温度（文献[1]より一部改変したうえで転載）

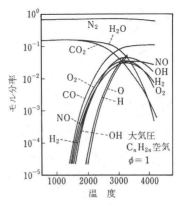

図4.2 平衡組成（文献[1]より一部改変したうえで転載）

達している．C_nH_{2n} の炭化水素が量論空気中で燃焼するときの平衡組成を図 4.2 に示す．高温になるにつれて CO_2 および H_2O 濃度が低下することが示されている．

4.2　**可燃性混合気の燃焼**

4.2.1　着　　火

燃焼反応が開始しそれが持続するようになる現象を着火，点火あるいは発火と呼ぶ．本書では，これらの用語を従来の慣例に従い使用するが，そこに本質的な差はない．混合気全体を高温に保つと，一定の待ち時間の後化学反応が急激に進行し，燃焼が開始される．これが自発着火（自着火，自己着火）であり，待ち時間を着火遅れと呼ぶ．混合気の一部になんらかの方法で外部からエネルギーを与えると，混合気中に火炎核の発生がみられるが，これを強制点火と呼ぶ．

a.　自発着火

自発着火は熱着火（爆発）理論あるいは連鎖着火（爆発）理論により説明される．前者は，混合気内での反応による熱の発生速度と外部への熱の放出速度を比較することにより混合気の温度上昇を求め着火を予測するものである．前節で述べた連鎖反応に基づき活性化学種の増減を論じることにより着火を予測するのが，後者である．そこでは，連鎖創始反応により生成した活性化学種が連鎖分枝反応により急速に増加すると，着火に至ると考える．連鎖分枝反応よりも表面停止反応あるいは気相停止反応が優位になれば活性化学種の数が減少し着火しない．

炭化水素の着火限界を図 4.3 に示す．ある温度範囲では 3 つの着火限界が存在し，低圧から圧力が上昇する方向にそれぞれ第 1，第 2 および第 3 限界という．低圧においては，分子の数が少ないため衝突頻度が低く，連鎖分枝反応速度が低い．さらに，生成した活性化学種が固体壁と衝突し，表面停止反応により失活する．これらの理由により，点 A では着火が起こらない．圧力が上昇し B 点に至ると，連鎖分枝反応速度が上昇するとともに表面停止反応速度が低下するので，着火に至る．

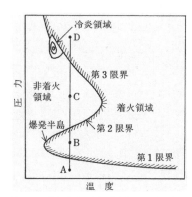

図 4.3　炭化水素-空気混合気の着火限界

このように，第 1 限界は連鎖分枝反応と表面停止反応とがバランスする点である．さらに圧力が上昇し C 点に至ると，化学種相互の衝突頻度が増し，活性化学

種と第3体分子との衝突も活発になる．気相停止反応による活性化学種の減少が連鎖分枝反応による活性化学種の増加を上回るため着火しなくなる．すなわち，第2限界は連鎖分枝反応と気相停止反応との大小により決まる．点Bの存在する領域は低温領域へ突出した半島状をしており，これを爆発半島と呼ぶ．圧力がさらに上昇してD点に至ると，再び着火する領域となる．この領域では，分子数密度が高いため，連鎖分枝反応が活発となり急激な温度上昇が起こる．第3限界は熱着火理論における臨界圧力である．一般に着火現象は発熱を伴うので，このとき現れる火炎を熱炎ということもある．これに対して，発熱をほとんど伴わない着火もあり，そのとき現れる火炎は冷炎と呼ばれる．冷炎の領域は第3限界の下側にそれと接して存在しており，ここでは，温度変化はほとんどないが，混合気の組成は変化する．

　混合気の着火遅れ τ は一般に次の経験式で与えられる．

$$\tau = KP^m \exp\left(\frac{E}{RT}\right) \tag{4.14}$$

ここで，P は圧力，E は活性化エネルギー，R は気体定数，T は温度である．K および m は実験条件および方法によって定まる係数である．式（4.14）は，着火遅れが式（4.12）に示される反応速度定数の温度依存性を反映したものであることを表している．

b. 強制点火

　強制点火の方法として，電極間の放電を利用する火花点火，電熱線などの高温固体表面を利用する熱面点火，小さな噴流火炎を利用するトーチ点火，プラズマを噴出させるプラズマ点火，レーザあるいはマイクロ波によるブレークダウン点火などがある．ここでは，内燃機関において最もよく利用されている火花点火について述べる．混合気を点火するのに必要な点火エネルギーを最小点火エネルギーと呼ぶ．電極に供給するエネルギーがこれよりも低い場合，放電により火炎核は形成されるが，成長して伝播火炎に至らず消滅する．図4.4は，各種炭化水素

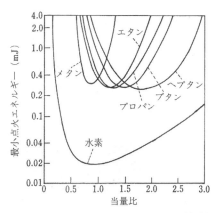

図4.4　最小点火エネルギーと当量比の関係（文献[2]より一部改変したうえで転載）

および水素と空気との混合気について，最小点火エネルギーと当量比との関係を示したものである．最小点火エネルギーは当量比の変化とともに極小値を示す．炭化水素の場合，この極小値は燃料の種類によらずほぼ同一であり，0.25 mJ 程度の値となる．水素に対する極小値は 0.025 mJ であり，炭化水素の 1/10 程度と低い値になっている．最小点火エネルギーが極小値を示す当量比は燃料の種類により大きく異なる．CH_4 のように分子量の小さい燃料では当量比が 1 よりも小さい領域，すなわち希薄側にこの点がある．C_2H_6 より分子量の大きい燃料では，1 以上であり，分子量が大きくなるにつれて過濃側へ移る．このような現象が生じる原因として，酸素と燃料との拡散速度の差が考えられる．ガソリンの分子量はおよそ C_7H_{16} のそれに近いため，ガソリン機関の場合，過濃混合気を使用すると点火性が向上することになる．これに対して，天然ガス機関では希薄混合気の方が高い点火性が得られる．

電極間隔と最小点火エネルギーとの関係は図 4.5 のようになる．電極間隔が減少すると，電極の冷却作用が増すため最小点火エネルギーが増大する．電極および放電方向に垂直に混合気が流れる場合，その流速と最小点火エネルギーとの関係は図 4.6 のようになる．混合気流速の変化とともに最小点火エネルギーは極小値を示しており，点火しやすい最適の流速が存在することがわかる．最適流速よりも低速側で点火性が低下するのは，火炎核が電極の近くに長時間存在し，その冷却作用を受けやすいためである．流速が高すぎると，乱流になり熱ならびに活性化学種の拡散速度が上昇し火炎核の成長が困難となるため，最小点火エネルギ

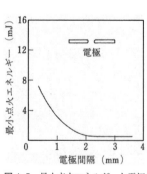

図 4.5 最小点火エネルギーと電極間隔の関係（文献[2] より一部改変したうえで転載）

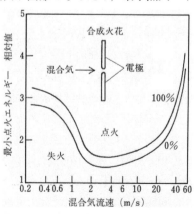

図 4.6 最小点火エネルギーと混合気流速の関係（文献[3] より一部改変したうえで転載）

表 4.1 可燃範囲（文献[2]より一部改変したうえで転載）

可燃性気体	下限界（希薄限界）(vol%)（当量比）	上限界（過濃限界）(vol%)（当量比）	可燃性気体	下限界（希薄限界）(vol%)（当量比）	上限界（過濃限界）(vol%)（当量比）
メタン（CH_4）	5.0 (0.50)	15.0(1.69)	エチレン（C_2H_4）	2.7 (0.40)	36.0(8.04)
エタン（C_2H_6）	3.0 (0.52)	12.5(2.39)	プロピレン（C_3H_6）	2.0 (0.44)	11.1(2.67)
プロパン（C_3H_8）	2.1 (0.51)	9.5(2.51)	アセチレン（C_2H_2）	2.5 (0.31)	100.0 （∞）
ブタン（n-C_4H_{10}）	1.6 (0.50)	8.4(2.85)	シクロヘキサン（C_6H_{12}）	1.3 (0.57)	8.0(3.74)
ペンタン（n-C_5H_{12}）	1.5 (0.58)	7.8(3.23)	ベンゼン（C_6H_6）	1.3 (0.49)	7.1(2.74)
ヘキサン（n-C_6H_{14}）	1.1 (0.50)	7.5(3.66)	トルエン（C_7H_8）	1.2 (0.52)	7.1(3.27)
ヘプタン（n-C_7H_{16}）	1.05(0.56)	6.7(3.76)	メタノール（CH_3OH）	6.0 (0.46)	36.0(4.03)
オクタン（n-C_8H_{18}）	1.0 (0.60)	6.5(4.27)	エタノール（C_2H_5OH）	3.3 (0.49)	19.0(3.36)
イソオクタン（iso-C_8H_{18}）	1.1 (0.66)	6.0(3.80)	一酸化炭素（CO）	12.5(0.34)	74.0(6.80)
ヘキサデカン（n-$C_{16}H_{34}$）	0.43(0.50)	— （—）	水素（H_2）	4.0 (0.10)	75.0(7.17)

ーが上昇すると考えられているが，いまだ不明な点も多い．混合気温度および圧力が低下し，不活性ガス濃度が上昇すると，最小点火エネルギーは増大する．

4.2.2 可燃限界

　燃料と空気との混合気が燃焼しうる濃度の限界を可燃限界，燃焼限界あるいは爆発限界と呼ぶ．燃料過濃側の限界を上限界，燃料希薄側の限界を下限界といい，この間の領域を可燃範囲という．燃焼が生じるためには，混合気濃度が可燃範囲内になければならない．室温，大気圧における代表的な燃料と空気からなる混合気の可燃限界の値を表 4.1 に示した．可燃範囲は，温度および圧力の上昇とともに広がり，不活性気体の混入により狭くなる．

4.2.3 燃焼速度

　火花放電により予混合気に点火すると，まず電極の近傍に小さな火炎核が出現し，やがて伝播火炎へと成長する．混合気中を火炎が伝播する速度を固定座標系から測定した場合，これを火炎伝播速度という．火炎伝播速度は座標系に依存するばかりでなく，未燃混合気の流動状態，燃焼容器の形状などの影響を受ける．これに対して，未燃混合気に相対的な火炎伝播速度の火炎面法線方向の分速度を燃焼速度という．火炎帯に固定した座標系において火炎付近の流れの様子を示すと，図 4.7 のようになる．未燃混合気は U_u なる速度で火炎帯に対し角度 α をもって流入し，反応により生じた燃焼ガスが高温のため加速されて速度 U_b で火炎帯から流出する．この図において，U_u の法線方向成分 S_u が燃焼速度である．このほか，単位面積の火炎が単位時間に消費する未燃混合気の体積として燃焼速度を定義することもできる．流動場が層流の場合層流燃焼速度と呼び，これは混合

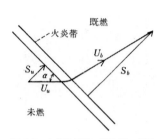

図4.7　火炎体付近の流れ場の様子

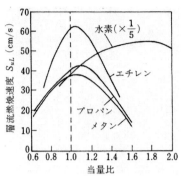

図4.8　層流燃焼速度と当量比の関係（文献[4]より一部改変したうえで転載）

気の組成，温度など混合気の状態に固有の値である．乱流場では乱流燃焼速度といい，乱流特性により大きく異なる．

図4.8に示すように，層流燃焼速度は当量比の変化とともに極大値を示す．層流燃焼速度の極大値は，炭化水素の場合理論混合比よりやや過濃な当量比 1.05〜1.1，水素では当量比1.8付近において得られている．これらの傾向は，断熱火炎温度の当量比に対する依存性と類似している．種々の燃料の層流燃焼速度の最大値ならびにそのときの当量比を表4.2に示す．層流燃焼速度 S_{uL} の圧力依存性は，次式により表すことができる．

$$S_{uL} = S_{uL0}\left(\frac{P}{P_0}\right)^n \tag{4.15}$$

S_{uL0} は圧力 P が P_0 のときの層流燃焼速度である．n は圧力指数と呼ばれ，燃焼速度が低いとき圧力指数は負の値をとり，燃焼速度が大きいとき正の値をとる．また，層流燃焼速度は温度の上昇に伴い増大する．

乱流燃焼速度は層流燃焼速度より大きく，乱流強度とともに顕著に増大する傾

表4.2　最大層流燃焼速度（文献[5]より一部改変したうえで転載）

可燃性気体	最大層流燃焼速度（cm/s）	可燃性混合気濃度（vol%）（当量比）	可燃性気体	最大層流燃焼速度（cm/s）	可燃性混合気濃度（vol%）（当量比）
メタン（CH_4）	37.0	9.98(1.06)	プロピレン（C_3H_6）	43.8	5.04(1.14)
エタン（C_2H_6）	40.1	6.28(1.14)	アセチレン（C_2H_2）	154.0	9.80(1.30)
プロパン（C_3H_8）	43.0	4.56(1.14)	シクロヘキサン（C_6H_{12}）	38.7	2.65(1.17)
ブタン（$n\text{-}C_4H_{10}$）	37.9	3.52(1.13)	ベンゼン（C_6H_6）	40.7	3.34(1.24)
ペンタン（$n\text{-}C_5H_{12}$）	38.5	2.92(1.15)	メタノール（CH_3OH）	55.0	12.4 (1.01)
ヘキサン（$n\text{-}C_6H_{14}$）	38.5	2.51(1.17)	一酸化炭素（CO）	43.0	50.0 (2.57)
ヘプタン（$n\text{-}C_7H_{16}$）	38.6	2.26(1.21)	水素（H_2）	291.2	43.0 (1.80)
エチレン（C_2H_4）	75.0	7.43(1.15)			

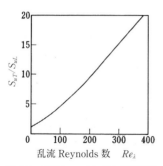

図 4.9　乱流 Reynolds 数と燃焼速度の関係（文献[6]より一部改変したうえで転載）

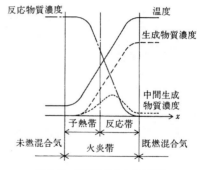

図 4.10　層流予混合火炎の構造

向がある．図 4.9 に乱流燃焼速度 S_{uT} と層流燃焼速度 S_{uL} との関係の一例を示す．ここで，Re_λ は乱流 Reynolds 数である．

4.2.4　火 炎 構 造

　層流予混合火炎の構造を図 4.10 に示す．火炎帯の厚さは通常 1 mm 程度であり，予熱帯と反応帯とからなる．混合気が火炎帯に流入すると下流の反応帯からの熱伝導により加熱されて温度上昇する．酸化反応が始まると，さらに温度が上昇し最終的に断熱火炎温度に近づく．反応物質濃度は，予熱帯における拡散，反応帯における反応と拡散により低下する．反応生成物は反応帯で生成されるが，その一部は上流側に向かって拡散する．

　乱流予混合火炎の構造については，図 4.11 のモデルが考えられている．乱れ強

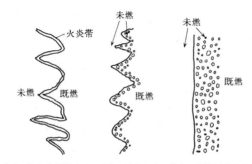

（a）しわ状層流火炎　（b）遷移火炎　（c）分散反応火炎

図 4.11　乱流予混合火炎の構造

度が低く乱れスケールが大きい場合には，層流火炎が大きく波打つようなしわ状層流火炎が形成される．乱れ強度が高くスケールが小さい場合には，小さな燃焼ガス塊と未燃混合気塊が入り交じった分散反応火炎が形成される．両者の中間では遷移火炎が現れる．

　火炎は発光を伴うが，これは OH，CH，C_2 などの活性化学種によるものである．このような化学発光は薄い反応領域に限られる．化学発光による放射強度は，CO_2，H_2O，soot（すす）などによるものと比べてはるかに低い．すすは，酸素不足の雰囲気中において，燃料が熱分解されることで生成した活性化学種や低級炭化水素が縮重合し，固体粒子として成長したものである．火炎中にすすが存在すると，可視から赤外域にわたる連続スペクトルを有する固体熱放射が生じ，火炎は橙色に発光するため輝炎と呼ばれる．すすの固体熱放射エネルギーは近赤外域で放出される CO_2 および H_2O の気体熱放射に比べて格段に高い．すすの存在しない火炎は不輝炎と呼ばれ，人間の目には青く見えるが，これは可視域の CH，C_2 の化学発光によるものである．

4.2.5　火炎の安定化

　流動混合気の燃焼においては，火炎の安定が重要な課題となる．図 4.12 にバーナ先端付近における火炎の状況ならびに混合気流速および燃焼速度分布を示す．混合気の流速は，壁面上で 0 であり，壁付近では中心方向へ直線状に上昇するとみなしてよい．燃焼速度は，低温の壁面近傍で最も低く，図 4.12(a) に示すような曲線状分布となる．条件 2 および 3 のように混合気流速と燃焼速度分布とが接すると，図 4.12(b) のように，両者が平衡に達しそれぞれの位置において火炎が

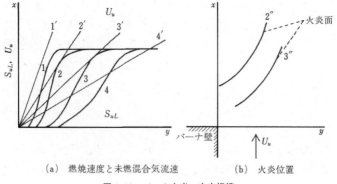

（a）燃焼速度と未燃混合気流速　　　（b）火炎位置

図 4.12　バーナ火炎の安定機構

安定化する．条件1のように混合気流速が燃焼速度を上回る条件では，火炎は安定せず吹き飛びが生じる．逆に条件4のように燃焼速度よりも混合気流速が低い場合，逆火が起こり火炎は上流側へ伝播することになる．

　次に，図4.13のように流れの中に速度勾配があるときの火炎の安定について述べる．火炎面法線方向の質量流束はA点，B点においてそれぞれ$\rho_u U_u \cos\theta$ならびに$\rho_u[U_u+(\partial U_u/\partial y)\delta \sin\theta]\cos\theta$となる．すなわち，上流に移るほど質量流束が増大することを示している．この場合，発熱する混合気よりも予熱されるべき混合気の量が多くなるので，燃焼温度が低下し，それに伴って燃焼速度が低下する．質量の増加率がある値より大きくなると火炎が流れを横切って伝播できなくなる．これを伸長吹消えという．カルロヴィッツ数Kが増大すると，伸長吹消えが生じる．

$$K = \frac{\partial U_u}{\partial y}\frac{\delta}{U_u} \tag{4.16}$$

　高速予混合気中で火炎を安定化させるためには，図4.14のように流れの中に非流線形物体を置く．これが保炎器であり，この後方に生じる渦と再循環領域の作用により火炎が安定化する．再循環領域では高温の燃焼ガスと循環ガスとの交換が行われ，再循環領域が高温に保持されるとともに活性化学種の供給も十分に行われる．これが未燃混合気と接触するとそこで着火が起こり火炎は安定化される．

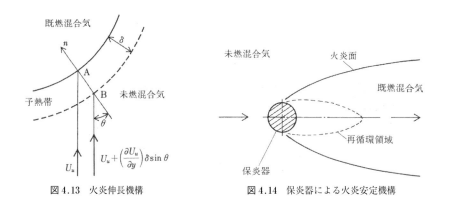

図4.13　火炎伸長機構　　　　　　　　図4.14　保炎器による火炎安定機構

4.2.6　消　　炎

継続していた燃焼反応がなんらかの理由により停止し，火炎が消滅する現象を消炎という．燃焼室壁面近傍では冷却作用と活性化学種の失活により消炎が起こ

る．この領域を消炎領域，この厚さを消
炎厚さと呼ぶ．火花点火機関から排出さ
れる未燃炭化水素の多くの部分はこの領
域で生成される．一般に，平行な固体壁
の間隙がある大きさ以下になると火炎伝
播が起こらなくなるが，その限界値は消
炎距離と定義される．図4.15に消炎距
離と当量比との関係を示す[2]．消炎距離
は当量比の変化とともに極小値を示す．
炭化水素の消炎距離の極小値が2mm程

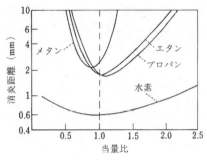

図4.15 消炎距離（文献[2]より一部改変したうえで転載）

度であるのに対して，水素の値はほぼ0.6mmとかなり薄いことがわかる．圧力
が上昇すると消炎距離は減少する．

4.3 火花点火機関における燃焼

4.3.1 燃料供給方式

　火花点火機関における燃焼特性は混合気の状態により強く支配され，燃料供給
方式が重要となる．自動車用ガソリン機関の燃料供給系は，その時代のニーズや
環境，排出ガス規制に応じて変化してきた．図4.16にその変遷を示す．各方式に
よって燃料噴射圧力や噴霧粒径などが異なる．電子式燃料噴射システムによる空
燃比制御を含めた噴射系改良が積極的に行われた．従来の気化器方式に代わって
インジェクタを用いた吸気管噴射方式が主流となり，最近は筒内直接噴射方式が
普及している．現在最も普及している吸気管噴射方式の燃料噴射装置は燃料タン

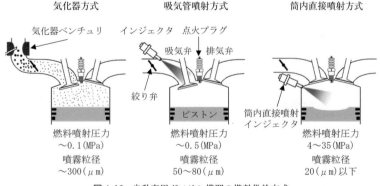

図4.16 自動車用ガソリン機関の燃料供給方式

クに設置された燃料ポンプにより，燃料を圧送し，吸気管に設置されたインジェクタに燃料を供給している．

　一方，筒内直接噴射方式では筒内噴射インジェクタにて燃料噴射され，筒内で燃料が気化することにより，混合気を冷却しノック（ノッキング）を抑制することができる．この効果を利用すべく過給ダウンサイジングエンジンへの筒内直接噴射方式の採用が広がった．また当初この方式は成層燃焼に使われていたが，現在は主に均質燃焼に用いられており，吸気行程に燃料を噴射する．なおインジェクタを用いた噴射方式の詳細は9.2節を参照されたい．

　古くから用いられている気化器方式は，吸気管の途中にベンチュリー部を設け，その負圧を利用して吸い出された燃料が吸入空気へ霧状に噴出し，蒸発しながら拡散して混合気となる．構造は単純であるが，吸気管壁あるいは吸気弁に形成される燃料液膜によって，燃焼室内に供給される混合気濃度の変動が生じ，運転不調あるいは有害排出物濃度増大の原因になる場合がある．

4.3.2 燃　　焼

　点火プラグの火花放電により圧縮された混合気を点火すると，火炎核が現れた後，乱流伝播火炎へと成長する．燃焼室内を火炎が伝播するにつれて熱発生が進行し，燃焼室内の圧力が上昇する．燃焼室内にはかなり強い渦が存在するため，火炎伝播速度は層流火炎に比べてきわめて高く，火炎形状も大きく異なる．火炎伝播過程は複雑となるが，基本的には，燃焼速度をはじめ4.2節で述べたことが適用できる．

　燃焼室内圧力および熱発生率の時間変化を図4.17に示す．火花放電から熱発生が認められるまでの期間と燃焼（熱発生）期間とに分けることができる．ただし，火炎核形成後火炎伝播がある程度進行した時点で熱発生が認められる．図から明らかなように，火花放電時期により燃焼特性が大きく異なる．最適火花放電時期（B）において最高出力が得られる．そ

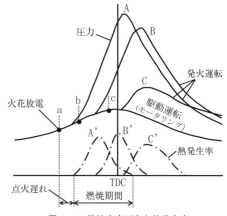

図 4.17　燃焼室内圧力と熱発生率

れよりも火花放電時期が早すぎると（A），最高圧力に達する時期が早まり，負の仕事が増加するばかりでなく最高圧力および最高温度が上昇するので熱損失が増加する．その結果，出力の低下が起こる．逆に火花放電時期が遅すぎると（C），燃焼中にピストンが下降するため，温度ならびに圧力が低下するので燃焼速度が低下する．膨張行程における有効仕事が減少するとともに排気とともに大気中へ排出される熱量が増加するため，出力の低下が生じる．

　燃焼室内の最高圧力ならびに最高圧力に相当するクランク角度はサイクルごとに変動する．これをサイクル変動と呼ぶ．サイクル変動は燃焼過程の変動によるものであり，理論混合気では小さいが，希薄混合気では著しい．サイクル変動が大きくなると，トルク変動が増大し機関の運転に支障を来たす．サイクル変動は点火遅れならびに火炎伝播速度の変動によるものと考えられる．これらの原因として空気および燃料の量はもちろんであるが，混合気の温度場，濃度場，速度場の筒内分布状態などさまざまなことが影響していると考えられる．

4.3.3　ノ　ッ　ク

　機関の熱効率を向上させるためには，燃焼温度および圧力を上昇させる必要がある．しかし，これを実現するため機関の圧縮比を高めるとノックが発生する．この際に，数キロヘルツ程度のノック音が発生し，燃焼ガスと燃焼室壁面との熱伝達が促進され，熱損失が増加し壁面温度が上昇する．ノックが激しくなると，機関の出力低下さらには機関の損傷を招くことになる．ノックが発生したときの火炎の様子を模式的に示したのが図4.18である．点火プラグより遠ざかる方向へ火炎が伝播し未燃混合気は圧縮されて高温となる．ある遅れ時間の後この未燃混合気は自着火し急速に燃焼する．このような燃焼過程後期における自着火による急速燃焼がノックである．

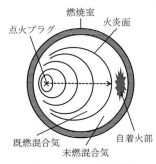

図4.18　ノック発生機構

　未燃混合気の自着火遅れが増大するかあるいは自着火以前に燃焼が終了するよう燃焼期間が減少すれば，ノックは発生しないことになる．前者を実現するためには，高オクタン価燃料を使用することはもちろん，圧縮比の低下，冷却液温度の低下，吸気温度の低下，火花放電時期の遅角，未燃混合気の位置を排気弁から離すことなどにより，未燃混合気の温度および圧力を低下させることが有効であ

ると考えられる．後者に対しては，燃焼室形状および点火プラグ位置の改善などによる火炎伝播距離の短縮，乱れの上昇による火炎伝播速度の上昇などが有効である．

4.3.4　有害排出物

火花点火機関から排出される物質のうち，環境ならびに人体に対し直接あるいは間接的に悪影響を及ぼし規制対象となっている主な物質は CO，HC，NO_x，および粒子状物質（particulate matter：PM）である．CO は血液中のヘモグロビンと強く結合し，体内の組織へ酸素を運搬する機能を阻害する．排出された炭化水素（HC）は窒素酸化物（NO_x）と光化学反応を起こし，光化学スモッグの原因となる光化学オキシダントを生成する．光化学オキシダントは人体や植物に有害で，眼のかゆみや呼吸障害を引き起こすほか，植物は立ち枯れが起こる．ここで NO_x とは，一酸化窒素（NO），二酸化窒素（NO_2），亜酸化窒素（N_2O）などである．NO_2 は，のど，気管，肺などの呼吸器に悪影響を与えるほか，光化学オキシダント生成に寄与する．また PM は呼吸器疾患やガンなどと関連があると考えられている．特に微小粒子状物質（PM2.5，粒径 $2.5\,\mu m$ 以下のもの）は気管支や肺の奥深く

まで入りやすく，呼吸器疾患だけでなく，肺ガンなどを引き起こす可能性があると言われている．

CO，NO ならびに HC 濃度と当量比との関係を図 4.19 に示す．CO は，燃料過濃混合気において酸素不足のため燃料の不完全酸化により生成する．したがって，理論混合比よりも希薄側では CO の生成量は少ない．NO は次の拡大ゼルドヴィッチ機構により主として生成する．

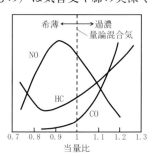

図 4.19　当量比と排気組成との関係

$$N_2 + O \rightleftarrows NO + N \tag{4.17}$$

$$O_2 + N \rightleftarrows NO + O \tag{4.18}$$

$$N + OH \rightleftarrows NO + H \tag{4.19}$$

空気中の窒素と酸素とを起源とし，1800 K 以上の高温で生成されるので，サーマル NO とも呼ばれている．NO 生成量は，理論混合気よりもやや希薄な当量比において極大値を示し，過濃および希薄側では減少する．最高温度が高くまた長時間高温に保持されると，NO 濃度は上昇する傾向にある．拡大ゼルドヴィッチ機構以外の経路により，過濃混合気で多く生成されるプロンプト NO，および燃料中

の窒素を起源とするフューエル NO などもあるが，生成量が少ないので通常は無視してさしつかえない．

　HC の主要生成経路として，過濃混合気の不完全酸化，燃焼途中での消炎，吸排気弁オーバラップ時の吹き抜け，燃焼室壁面近くに形成された消炎層，失火，潤滑油膜層へ混入した HC の再分離などがある．

　筒内直接噴射方式は，吸気管噴射方式に比べて PM 排出が多い．これは筒内壁面の燃料液膜や過濃混合気領域が形成されやすいことに起因している．

4.3.5 希 薄 燃 焼

　希薄混合気を完全燃焼させることができれば，CO，NO ならびに HC を同時に低減できる．また，第 2 章において述べたように，希薄燃焼を行うと機関の熱効率が上昇する．このように，希薄燃焼は熱効率向上ならびに有害ガス排出低減にとって望ましい方策であり，有望な低燃費技術の 1 つであるが，着火性，燃焼の不安定性，排出ガス低減に三元触媒が使えないなど解決すべき問題も残されている．

a. 均質希薄混合気燃焼

　燃焼室内の燃料濃度分布をほぼ均質とし，これを燃焼させるものである．ただし，一般には完全混合ができていない場合が多く，局所的には不均質と考えるべきである．この中には，排気の一部を吸気中に還流させる EGR も含まれる．希薄混合気では，点火性能が低下し点火遅れが増大するとともにその変動が著しくなり，はなはだしい場合には失火するようになる．これに対応するため，点火エネルギーの増大，プラズマジェットの利用などが考えられる．また，層流燃焼速度低下による燃焼期間の増大を防ぐため，エンジン内の乱流強度を増して，高い乱流燃焼速度を維持することが必要である．乗用車用ガソリン機関の超希薄燃焼に関しては，正味熱効率 50% を超える研究結果もある．この方法では，強いタンブル流動（縦渦）を導入し，ピストンで圧縮し微細な渦群を生成させるとともに複数回の高エネルギー放電点火を行うと，タンブル流に追従して放電路が伸長するとともに，未燃ガスに放電エネルギーが分散的に供給され，いくつもの火炎核が生成・蓄積される．その後ピストンによるさらなる混合気圧縮によって圧力・温度が上昇し，多数の火炎核が同時に火炎伝播を開始して急速燃焼させる方法である．また，均質予混合圧縮着火燃焼（HCCI）は火炎伝播しない超希薄混合気（理論空燃比よりも燃料濃度を半分以下にした混合気）を自着火によって急速に燃

焼させる方法で，火炎伝播によらない燃焼法である.

b. 成層燃焼

点火しやすい濃度の混合気を点火プラグ周辺に形成するとともにその外側に希薄混合気を配置することにより，高い点火性能を確保しながら全体として希薄混合気燃焼を図るのが成層燃焼である. 成層燃焼は単室式と副室式とに大別できる. 単室式は，単一の燃焼室に燃料噴射弁と点火プラグを配置し燃焼室内に燃料を直接噴射し混合気流動を調節しながら混合気の成層化を行う方式である. 点火によって初期火炎が形成された後，濃度分布をもつ混合気中を火炎伝播するが，乱れ強度，温度分布，筒内流動などの影響も受ける. 過濃混合気での不完全燃焼成分や消炎によって火炎伝播できない希薄混合気も高温既燃ガスとの接触によって燃焼する場合もある. このように火炎伝播に加えて拡散的な燃焼形態も含んだ複雑な燃焼形態となる.

副室式は，比較的濃い混合気を副室内に，希薄混合気を主室内へ供給し，副室からの噴流火炎により主室の希薄燃焼を安定させる. 単室式は絞り損失が小さいため熱効率が高いが，燃焼の安定性に難点がある. これに対して，副室式は安定した希薄燃焼が可能であるが，熱効率が低くなる傾向にある.

4.4 圧縮点火機関における燃焼

圧縮点火機関（ディーゼル機関ともいう）の混合気形成とその燃焼過程は，高々数十ミリ秒［ms］で終わる非定常現象である. 燃料は高温高圧の流動雰囲気場に高圧で噴射され，周囲気体を誘引（エントレインメント）しつつ噴霧として成長する. 噴霧周縁部では，周囲気体との間で乱流混合が盛んに行われるとともに，微小燃料液滴の蒸発が進行し，可燃混合気が最初に形成された位置に火炎が発生し，燃焼が継続される. この経過では各過程が同時的に進行し，きわめて複雑である.

4.4.1 噴霧形成

図 4.20 に，常温高圧下およびこれと同密度の高温高圧下の十分に発達したディーゼル噴霧と，周囲気体の流動状況のモデルを示す.

噴霧の微粒化の状況を表す量には，次のようなものがある.

①粒度分布：微小範囲別の液滴の粒径の出現頻度分布

②ザウタ平均粒径（Sauter mean diameter: SMD）d_{32}：粒径別液滴の体積の総

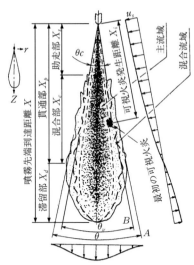

図 4.20 蒸発噴霧の混合流域の助走部長さ（文献[11] を改変）
A：常温高圧下の非蒸発噴霧の外形，
B：高温高圧下の蒸発噴霧の外形，
主流域：液滴速度が大きく単位体積あたりの粒数が多い密な噴霧中心部の領域，
混合流域：液滴速度が小さく単位体積あたりの粒数が少ない上流域の周囲の領域で，周囲との間で拡散・混合が顕著に行われる領域，
X_s：混合流域の助走部長さ（噴霧が与えられた運動量と速度を保つ領域），
X_c：混合流域の混合部長さ（助走部下流の噴霧と周囲気体との境界の乱れが著しい領域），
$X_p = X_s + X_c$：貫通部長さ（噴霧の円錐形部分），
X_d：滞留部長さ（貫通部下流の液滴が滞留する領域），
$X = X_p + X_d$：噴霧先端到達距離（貫通度ともいう），
X_i：可視火炎発生距離，
θ_c：噴霧円錐角（非蒸発噴霧の助走部のなす角），
θ：相当噴霧角（非蒸発噴霧の混合部のなす角），
θ_v：可視噴霧角（蒸発噴霧のなす角），
V_s：相当噴霧体積（X と θ から計算される体積），
u_s：噴霧に誘引または押し分けられる速度．

和と表面積の総和に対する比（体積表面積平均粒径ともいう）

③液滴密度分布：噴霧の単位体積中の燃料体積の分布

　噴霧を評価するためには，マクロ（噴霧先端到達距離，噴霧角，噴霧体積-エントレインメント量，噴霧内当量比など）とミクロ（噴霧液滴径・液滴数密度の時空間分布と不均一性，乱れと渦構造など）の特性値把握が必要である．

　図 4.21 は蒸発噴霧の X_s の時間経過である．X_s は雰囲気の温度，圧力によらずほぼ一定となる．小型直噴式圧縮点火機関のようにピストンキャビティがある場合，噴霧の助走部自体がその壁面に衝突し，燃料および排気組成に重要な影響を与える．総噴孔面積一定で噴孔数を増やすと，X は短くなる．

　図 4.22 に非蒸発噴霧の X の時間経過を示す．噴射開始後 0.25 ms までは X は時間 t にほぼ比例して長くなるが（この長さは液柱長さ l_b と定義される），これを

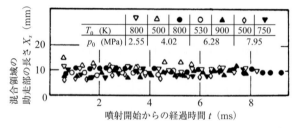

T_0 (K)	▽	△	●	○	▲	◇	▼
	800	500	800	530	900	500	750
p_0 (MPa)	2.55		4.02		6.28		7.95

図 4.21　蒸発噴霧の混合流域の助走部長さ（開弁圧 33.7 MPa）[12]

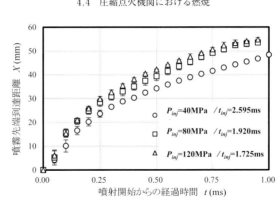

図 4.22 非蒸発噴霧の先端到達距離（$d_n = \phi 0.121$ mm, $\rho_a = 18.75$ kg/m^3）[13]

超えると t の 0.5 乗によって増加する. l_b は Levich の液柱の安定性理論から導出された式に実験定数を組み合わせた廣安・新井らの式（4.20）が用いられる.

$$l_b = 15.8 \times \left(\frac{\rho_f}{\rho_a}\right)^{0.5} \times d_n \qquad (4.20)$$

ここで，ρ_f は燃料密度，ρ_a は雰囲気密度，d_n はノズル噴孔径である.

X に関する実験式は多数あるが，運動量理論による和栗らの次の半理論式が用いられる場合が多い.

$$X = \left(\frac{2C\Delta p}{\rho_a}\right)^{0.25} \left(\frac{t d_n}{\tan\left(\dfrac{\theta_c}{2}\right)}\right)^{0.5} \qquad (4.21)$$

ここで，C はノズルの流量係数，$\Delta p =$ 噴射圧 − 雰囲気圧，t は噴射開始後の時間，d_n はノズル噴孔径，θ_c は噴霧円錐角である．ρ_a が同じならば，蒸発時の X も非蒸発時と同じである．シリンダ内空気流動すなわちスワールによって噴霧は曲げられるが，この場合の X は噴霧軸の長さとみなせる．噴霧が壁面に衝突する直前までは X は式（4.21）によるが，壁面衝突後には，この X に噴霧の壁面上の拡がりを加えればよい．また壁面に衝突しない噴霧（自由噴霧という）では $X_p/X \risingdotseq 0.7$ となる.

噴霧角 θ と雰囲気密度 ρ_a の関係を図 4.23 に示す．θ_c と θ は雰囲気密度の指数乗の関数となる．θ_c は運動方程式による理論解析および次元解析より導出された Sitkei の式（4.22）で表される.

$$\theta_c = 3 \times 10^{-2} \left(\frac{l}{d_n}\right)^{-0.3} \left(\frac{\rho_a}{\rho_f}\right)^{-0.1} Re^{0.7} \qquad (4.22)$$

ここで. l はノズル噴孔長さ, d_n はノズル噴孔径である. θ は代表的な実験式として式 (4.23), (4.24) で表される. 式 (4.23) は和栗らの噴霧角に関する式を基準に高速ディーゼル機関における実験式を導出した廣安らの式である. 噴射圧力は 7〜15 MPa の範囲で測定されている.

$$\theta = 0.05\left(\frac{\rho_a \cdot \Delta P \cdot d_n^{2}}{\mu_a^{2}}\right)^{0.25}$$

(4.23)

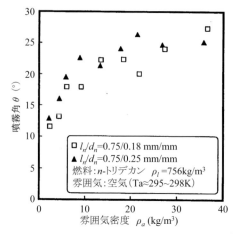

図 4.23　噴霧角と雰囲気密度の関係　($P_{inj} = 18.0\,\mathrm{MPa}$)[14]

式 (4.24) は噴射圧力が 40〜180 MPa の範囲で測定された稲垣らの実験式である.

$$\theta = c\left(\frac{\rho_a}{\mu_a^{2}}\right)^{0.25} P_{cr}^{0.18}\left(\frac{l_n}{d_n}\right)^{-0.14}$$

(4.24)

ここで, c は実験係数, μ_a は雰囲気粘性係数, P_{cr} はコモンレール圧力, l_n はノズル噴孔長さである. エントレインメント量を把握するために重要な噴霧体積の変化は運動量理論より式 (4.25) で表される.

$$V = \frac{\pi}{3}(X\tan\theta)^2 X = \frac{\pi}{3}\frac{C_c K_p^{3}}{K_{bl}^{2}}(d_n)^{1.5}\left(\frac{\Delta P}{\rho_a}\right)^{0.75}t^{1.5}$$

$$K_p = \frac{\beta}{d_n^{0.5}\left(\dfrac{\Delta P}{\rho_a}\right)^{0.25}}, \quad \beta = \frac{X}{\sqrt{t}}, \quad K_{bl} = \frac{K_p^{2}}{\sqrt{2K_v}}$$

(4.25)

ここで, C_c は縮流係数, K_v は速度係数である. ホール形ノズルによる噴霧の SMD は噴射速度に反比例し, 噴射ノズルの噴孔径に比例する. 噴射圧が 100 MPa を超えると十数マイクロメートルの小さな値となるが, 80 MPa 以上の範囲では噴射圧の影響は低下する. 場所ごと時間ごとの粒度分布測定は非常に難しいが, 図 4.24 にその例を示す. 噴霧外縁部では SMD が噴霧内部よりも大になる. 一般に粒度分布は全噴射期間にわたり噴霧全体に対して与えられ, 抜山・棚沢の式, ロージン・ラムラの式によることが多い.

　噴霧液滴群の SMD は, 受け止め法による実験および棚沢・豊田の修正式より

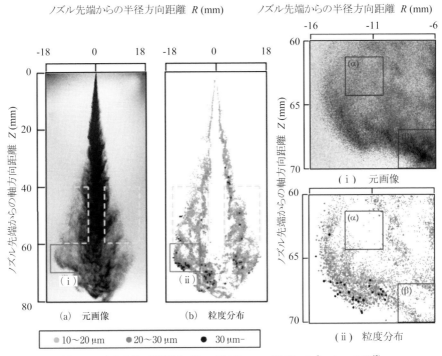

図 4.24 自由噴霧の粒度分布 （P_{inj} = 55 MPa, ρ_a = 17.3 kg/m³, t/t_{inj} = 1.0)[15]

導出された神本らの実験式が式（4.26）で表される.

$$d_{32} = C' \times 47.0 \, \frac{d_n}{u_{inj}} \left(\frac{\sigma}{\rho_a}\right)^{0.25} \sqrt{g} \left(1 + 3.31 \, \frac{\mu_f \sqrt{g}}{\sqrt{\sigma \rho_f d_n}}\right) \tag{4.26}$$

ここで，C' は実験係数，u_{inj} は噴出速度，σ は表面張力である．式（4.26）より．噴出速度が大きいほど，また噴孔径は小さいほど SMD は小さくなる．燃料は 500 m/s を超える速度で高々数メートル毎秒で動いている雰囲気中に噴射される．そのため，周囲気体が噴霧に導入され，合わせて噴霧外縁と周囲気体の間のせん断により，拡散混合が進む．この現象は図 4.20 の貫通部で生ずる．一方，噴霧先端の滞留部では，逆に噴霧が周囲気体を押し分けつつ進行する．しかし，その場所に貫通部が達すると，もちろん噴霧は周囲気体を導入する．空気導入量は噴霧体積の約半分であり，また導入空気の速度は数メートル毎秒程度である．図 4.20 は静止雰囲気中の単一自由噴霧まわりの空気の動きを模式化しているが，複数噴霧の場合は，図 4.25 のように，周囲空気はいったんノズル方向に向かった後，噴霧に導入される．

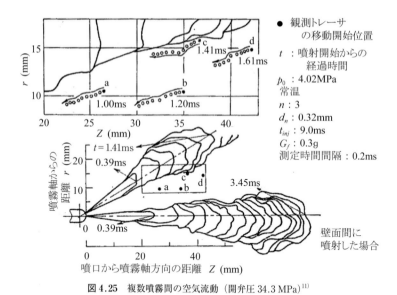

図 4.25　複数噴霧間の空気流動（開弁圧 34.3 MPa）[11]

　1900 年代から実機に適用された高圧燃料噴射とノズル噴孔径の縮小化が混合気形成過程と燃焼推移にどのような影響を及ぼすかについて，種々の物理量に関する指数相関関係を簡易的に考えると，式（4.27）に示すように誘引気体質量流束は噴出速度の 1/2 乗に比例するため噴射圧力の 1/4 乗に比例し，噴孔径の −1/2 乗に比例する．

$$J_{s0} = V_j^{1/2} \cdot d_0^{-1/2} \cdot t^{3/2} \cdot J_f \tag{4.27}$$

ここで，V_j は燃料噴出速度，J_f は燃料質量流束，d_0 はノズル噴孔径である．

　式（4.28）より乱れエネルギーの生成速度は噴射圧力に比例し，さらに式（4.29）より乱れの積分スケールは噴孔径に比例する．

$$G_j = \left(\frac{\eta_j}{2M_j}\right) \cdot J_f \cdot v_j^2 \tag{4.28}$$

$$L_j = \left(\frac{\rho_f}{\rho_a}\right)^{1/2} \cdot d_0 \tag{4.29}$$

　これらより高圧噴射と小噴孔径化による乱れ強い希薄混合気の形成が指数値の有効度として把握できる．また，高圧噴射時の噴霧画像において小スケールの密度むらが観察されている結果を考察すると，式（4.30）より高圧噴射と小噴孔径化でコルモゴロフスケールが減少して分子レベルでの混合促進が示唆され，さらに式（4.31）の関係から乱流混合速度が噴射圧力の 1/2 乗に比例し，また噴孔径

の−2乗に比例して増加することがわかる．これらから，高圧噴射と小噴孔径化による希薄混合気の形成と燃焼率の増加がそれぞれの指数値の大きさとして影響度が定量的に把握できる．

$$Re^{-3/4} = \frac{\eta}{d_0} \qquad (4.30)$$

ここで，η はコルモゴロフスケールである．

$$\frac{1}{\tau} \propto d_0^{-\frac{2}{3}} \cdot \varepsilon^{\frac{1}{3}} = v \cdot Re \cdot d_0^{-2} \qquad (4.31)$$

ここで，τ は混合特性時間である．

4.4.2 混合気形成

燃焼が起こるためには，燃料が蒸発し，導入空気量と燃料量の質量比すなわち空燃比が適当な範囲に入る必要がある．蒸発噴霧の情報を得る方法には，シュリ

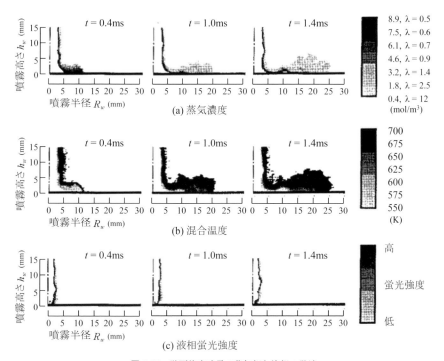

図 4.26 壁面衝突噴霧の蒸気相と液相の発達
$Z_w = 30$ mm, $P_{inj} = 99$ MPa, $t_{inj} = 1.8$ msec, $T_a = 700$ K, $P_a = 2.55$ MPa[16]

レン撮影法とレーザ誘起蛍光法の一種である Melton らのエキサイプレックス法
がある．前者はおおよその噴霧の蒸気相を捕える．後者は噴霧内部の蒸気相と液
相の分離が可能である．図 4.26 はこの方法による壁面衝突噴霧の場合である。壁
面上では，液相は高々 2 mm の厚さでほとんど成長しないのに対し，蒸気相が噴
霧の大部分を占める．

　最近はシミュレーションにより，シリンダ内の流動と温度，噴霧の成長とその
内部温度や空燃比などの予測が盛んである．シミュレーションはもちろん万能で
はないが，新機関開発時の有力手段である．図 4.27 は Amsden らの KIVA コー
ドによる直接噴射式圧縮点火機関のピストンキャビティ内の噴霧の成長と空気流
速の計算例である．噴霧先端が渦流によって曲げられ，上死点に近づくにつれて，
空気流速が増す様子がわかる．

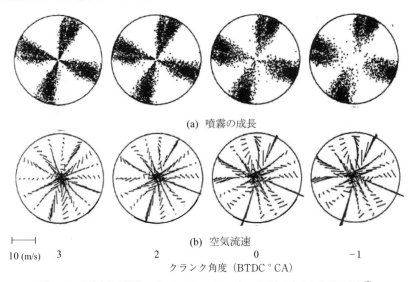

(a) 噴霧の成長

(b) 空気流速

10 (m/s)   3   2   0   −1
クランク角度（BTDC °CA）

図 4.27　直接噴射式機関のピストンキャビティ内の噴霧成長と空気流動の変化[17]

4.4.3 着火遅れ

　圧縮点火機関の燃焼の特色の 1 つは，燃料噴射開始後ある時間を経て自己着火
が起こることである．この時間を着火遅れまたは発火遅れという．これは，燃料
が蒸発し，周囲気体と混合してできた可燃混合気が加熱され，着火可能となるま
での物理遅れと，化学反応が進行して火炎が発生するまでの化学遅れに分けられ
る．実際にはこの過程の一部が重複して起こるので，両者の厳密な分離はできな

い.

　着火遅れを調べる方法には，1～3 mm 程度の大粒径の単滴と噴霧による 2 つの場合がある．着火を起こさせる雰囲気は高温高圧であるが，これを得る方法は，

　①静止雰囲気をもつ定容燃焼器

　②周囲気体に流動を与える急速圧縮機

　③実際の機関（実機ともいう）

による 3 つの方法がある．①が最も基礎的である．単滴の着火遅れは数秒に達するが，噴霧ではその 1/1 000 の数ミリ秒となる．

　単滴を高温高圧下にさらすと，その粒径 d の 2 乗の変化は図 4.28 のようになる．①-②は加熱期間で，加熱により液滴温度が上昇する．②-③は蒸発期間で，液滴温度一定の蒸発が行われる．①-③は物理遅れとみなしてよい．③では着火が起こる．③-④は燃焼期間で，④において液滴自体

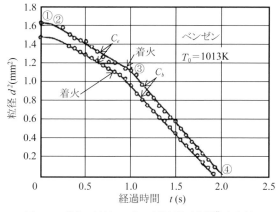

図 4.28　単滴の粒径の 2 乗の時間経過（文献[18]を改変）

は消滅する．雰囲気温度一定の場合，d^2 の時間経過の傾きは一定で，次の関係が成立する．

$$蒸発期間：-d(d^2)/dt = C_e$$
$$燃焼期間：-d(d^2)/dt = C_b \tag{4.32}$$

C_e は蒸発速度定数，C_b は燃焼速度定数であり，雰囲気温度と燃料の種類によって異なる．小型ディーゼル機関用の軽油では，雰囲気の圧力と温度が高くなると C_e も大になる．しかし軽油でも雰囲気温度が 1000 K を超えると，また大型圧縮点火機関用の重油では，燃料の熱分解などによる泡だちのため，図 4.28 のような直線関係は成立しない．

　図 4.29 は軽油に相当する純燃料 n-ドデカンの単滴の着火遅れである．雰囲気の温度と圧力が上昇すると，着火遅れは短くなる．

　定容燃焼器による実験で，ディーゼル噴霧の着火遅れを詳細に検討すると，図 4.30 のように分けられる．いずれも噴射開始時期を時間の基準とするが，それぞ

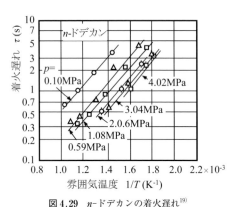

図4.29 n-ドデカンの着火遅れ[19]

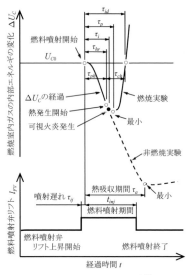

図4.30 着火遅れの定義[20]

れ次のように定義する.

熱発生遅れ τ_{hr}：熱発生開始までの時間（燃焼実験の曲線が非燃焼実験の曲線から離れ始めるまでの時間）

火炎発生遅れ τ_i：可視火災発生までの時間

圧力上昇遅れ τ_p：圧力上昇開始までの時間

物理遅れ $\tau_{ph} \fallingdotseq \tau_p$

着火遅れ τ_{id}：燃焼室内ガスの内部エネルギーが噴射開始前の状態に回復するまでの時間

化学遅れ $\tau_{ch} = \tau_{id} - \tau_{ph}$

なお図中の τ_{ij} は，燃料ノズルの針弁が上昇を始めてから実際に噴射が確認されるまでの時間で，噴射遅れである．この時間はごく短い．破線は雰囲気を窒素として燃料の蒸発だけが行われるときの，燃焼室内ガスの内部エネルギーの変化 ΔV_c の時間経過であり，その最小値は噴霧の総熱吸収量となる．

τ_{hr} の検出は誤差が多く困難である．実機では，シリンダ内圧力の時間経過（指圧線図，インディケータという）において，噴射開始から急激な圧力上昇開始までの時間と定義することが多い．これは τ_p にほぼ等しいとみなせる．ホットモータ法と呼ばれる方法では，無負荷で十分暖められた（暖機という）実機において，充てんガスに空気を使う燃焼運転，窒素を吸気する非燃焼運転と燃料を噴射しな

い駆動運転それぞれの指圧
線図を，詳細に比較して着
火遅れを求め，さらにこれ
を物理遅れと化学遅れに分
ける．

　図 4.31 は，定容燃焼器
による火炎発生遅れ τ_i の測
定例である．雰囲気の酸素
濃度 Φ（充てんガスの酸素
のモル分率/空気の酸素の
モル分率）を変化させた例
も参考にすると，雰囲気圧

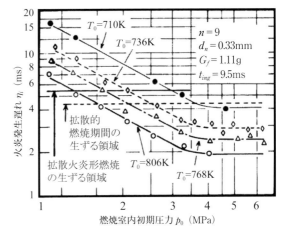

図 4.31 火炎発生遅れ[20]

力 p_0 が約 4 MPa 以下では，τ_i は雰囲気温度 T_0, p_0, Φ が増すと短くなる．p_0 が 4 MPa を超えると，τ_i に対する p_0 の影響は著しく小になり，T_0 と Φ に応じてほぼ一定になる．着火遅れのほかの定義の τ_{id}, τ_p も τ_i とほぼ同様の傾向になる．なお，単位時間あたりの燃料噴射量すなわち燃料噴射率の時間経過が同じならば，全噴射量は着火遅れに影響を及ぼさない．

　着火遅れの実験式は，アレニウス型の次式によることが多い．

$$\tau = A p_0{}^n \phi^C \exp(B/T_0) \tag{4.33}$$

ここで，A, n, C, B は実験定数で，実験方法や使用燃料の種類によって異なる．B は燃料が化学的に活性化されて着火に至るまでに必要なエネルギーとみなせ，みかけの活性化エネルギーと呼ばれる．$(p_0{}^n \phi^C)$ の項は，燃料と周囲気体中の酸素の分子どうしが衝突する確率に関係する．表 4.3 に，定容燃焼器を用いて式 (4.33) による整理をした実験式の例を示す．

　表中 Wolfer の実験式が最も有名であるが，

①実験が低温高圧または高温低圧の条件で，実機の通常燃焼時の高温高圧下で行われていないこと

②使用燃料が，中型中速や大型低速でシリンダ径が大で回転数が低い圧縮点火機関用であること

などから，その使用時には注意を要する．

　なお，藤本らは $p_0 > 3.92$ MPa になると $n \fallingdotseq 0$ としているが，雰囲気圧力が高くなると，それまでに比べて n が小さくなるとの研究例が最近みられる．つまり，

表 4.3　定容燃焼器による着火遅れの実験式と実験条件[20]

研究者	燃焼室	充てんガスの温度分布	燃料	着火遅れの判定方法	実験条件			実験定数			
					初期温度 T_0 (K)	酸素濃度 Φ	初期圧力 p_0 ($\times 10^4$ kgf/m²) (p_0 (MPa))	A	n	C	B
Wolfer	ガスバーナ加熱式定容型	不均一	重質油[注]	圧力上昇	603~781	—	8~48 (0.78~4.71)	2.53×10^3 (2.78×10^{-2})	-1.19	—	4650
廣安ら	電気炉式定容型	均一	軽油	火炎発生	660~910	0.6~1.0	6~31 (0.59~3.04)	2.30×10^3 (1.59×10^{-3})	-1.23	1.60	7280
藤本ら	電気ヒータ加熱式定容型	不均一	JIS 1 種重油	可視火炎発生	710~806	0.71~1.0	10~40 (0.98~3.92)	2.38×10^3 (1.17×10^{-2})	-1.06	-1.90	5130
							40~73 (3.92~7.16)	2.97×10^{-3}	$\fallingdotseq 0$		
				内部エネルギー回復			10~40 (0.98~3.92)	3.97×10 (3.31×10^{-2})	-1.06	-0.863	4170
							40~73 (3.92~7.16)	1.47×10^{-2}	$\fallingdotseq 0$		

注）これは JIS 2 種重油（B 重油）に相当する燃料である.

着火遅れはどのような条件であれ，無限には短くならない.

　実機では，燃焼室形状や空気流動が定容燃焼器の場合とかなり異なる．しかし，スタートや暖機の場合を除く実機の通常の運転条件では，燃料噴射に関係する燃料噴射ノズルの形式，ノズルの噴孔径，ノズルの噴孔長さ/噴孔径，燃料噴射圧，燃料噴射量やピストン壁面への燃料噴霧の衝突角度，またシリンダ内の空気流動に関係する機関の回転数や渦流速度などの着火遅れへの影響は，ほとんどないかあったとしても二次的である．ただし，100 MPa を超える燃料噴射圧の場合は，着火遅れは短くなる.

　結局，着火遅れに最も強く影響する因子は，雰囲気の圧力，温度と酸素濃度である.

　なお，定容燃焼器による着火遅れは実機の場合よりも長いが，その原因は明らかではない．燃料自体の着火性は，セタン価で表す．セタン価が高い燃料は着火遅れが短い.

　着火遅れに関連する量としては，図 4.20 の可視火炎発生距離 X_i がある．図 4.32 にこれを示す．X_i は貫通部の長さ X_p と助走

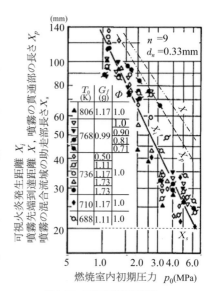

図 4.32　可視火炎発生距離
（開弁圧 35.4 MPa）[21]

部の長さ X_s の間，つまり混合部に条件によらず存在する．特に X_p の内側に X_i が現れないことは重要である．X_i は X_p および噴霧先端到達距離 X におおむね比例し，雰囲気圧力にほぼ反比例するが，雰囲気温度にほとんど影響されない．図は噴孔数 $n = 9$ の場合であるが，全噴孔面積が一定で燃料噴射圧が同じならば，噴孔数が増すと X_i は短くなる．

4.4.4 燃焼特性

ディーゼル噴霧火炎の最も基本的な形態は，小笠原らが急速圧縮機による超望遠接写で得た写真に証拠があるように，単滴の燃焼である．高温雰囲気中に燃料の単滴をさらすと，液滴は蒸発のために図4.28のように小さくなり，着火に至る．常圧下では火炎は青味がかり球形に近いが，雰囲気圧が増すと，自然対流のために火炎はゆらいで細長くなり，色調は黄色となり，黒煙の発生が著しくなる．この現象はディーゼル燃焼における黒煙発生の根拠となる．

定容燃焼器でディーゼル噴霧の燃焼を観察すると，雰囲気の圧力と温度によって異なった火炎が現れる．これを分類すると図4.33のようになり，それぞれの特色を次に解説する．

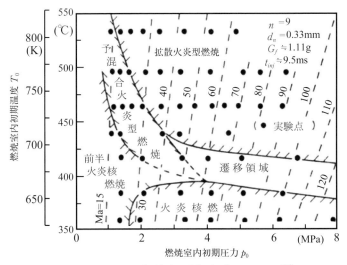

図 4.33 ディーゼル噴霧火炎の形態（開弁圧 37.4 MPa）[21]

a. 拡散火炎型燃焼

雰囲気の温度と圧力が高く，火炎発生遅れが 5.5 ms 以下，すなわち全燃料噴射

量の約 60％が噴射されるまでに火炎が発生すると，この燃焼が生ずる．最初の火炎は輝度の高い輝炎として現れ，その後噴霧外縁に形成された予混合気に近い混合気に沿って，火炎が成長する．火炎が噴霧先端に追いつくと，拡散火炎の燃焼が行われ，噴射終了後には噴霧の崩壊に応じた燃焼となる．この燃焼の顕著な特色は，噴霧形状に対応する火炎が形成されることである．

b. 予混合火炎型燃焼

雰囲気が高温低圧で，火炎発生遅れが 5.5〜12.0 ms の場合に，この燃焼が現れる．火炎は雲状で発生し，燃焼室周辺にドーナツ形の予混合燃焼に近い火炎が形成される．

c. 火炎核燃焼

低温高圧下で輝度の低い輝点として火炎が発生する．その後の火炎の発達はなく，長い全燃焼期間を通じて天の川の星のきらめきのような燃焼が続く．

d. 前半火炎核燃焼

雰囲気の圧力と温度が低い場合に生じ，火炎は輝度の低い輝点として発生する．前半は星群形，後半は予混合的な雲状火炎の燃焼である．

e. 遷移燃焼

a と b，c の形態の燃焼が遷移的に現れる領域である．雰囲気の温度差がわずかに数十ケルビンで a または c の燃焼が行われる．c と d の燃焼の境界は空燃比で約 30 である圧縮点火機関では，a が通常の，b と d は始動時の，また c は冷始動時の燃焼である．

図 4.34 は，直噴式圧縮点火機関のピストンキャビティにおける拡散火炎型燃焼の例である．噴霧はキャビティ壁面に衝突し，その衝突部が時計まわりの渦流に流される．着火は衝突部で起こり，噴霧の形を保った火炎が形成され，噴射終了後には崩壊した燃料の塊の燃焼になる．

圧縮点火機関の燃焼状況を総合的に考察するのに便利なのは，次式で表現される熱発生率（シリンダ受熱率ともいう）$dQ/d\theta$ である．

$$\frac{dQ}{d\theta} = c_v \frac{dT}{d\theta} + p \frac{dv}{d\theta} + \frac{dQ_w}{d\theta} \tag{4.34}$$

ここで，c_v は定容比熱，T はシリンダ内ガス温度，p はシリンダ内圧力，v はシリンダ内容積，dQ_w はシリンダ壁を通しての熱移動，θ はクランク角度である．これは本質的には熱力学の第一法則であり，燃焼が行われているシリンダ内でガスが瞬時に均一になることを前提としている．ガスの状態式によれば，$dQ/d\theta$ は p

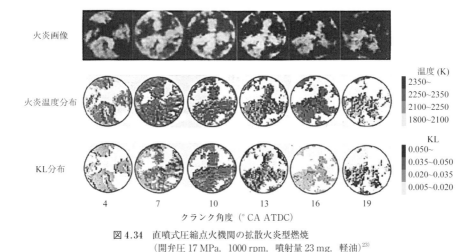

図 4.34　直噴式圧縮点火機関の拡散火炎型燃焼
(開弁圧 17 MPa, 1000 rpm, 噴射量 23 mg, 軽油)[23]

と v だけの関数となり指圧線図を解析すればよい. c_v は一定とみなすか, T の関数とする. $dQ_w/d\theta$ に関係するシリンダ内ガスとシリンダ壁間の熱伝達率 α は実験的に定められ, 主な実験式は, 第 5 章に示しているが Eicherberg, Pflaum, Annand, Woschini, 榎本らの提案がある. この場合, どのような機種の実験によるかをチェックしなければならない. なお, 次式の定義をみかけの熱発生率とすることがある.

$$\frac{dQ'}{d\theta} = \frac{dQ}{d\theta} - \frac{dQ_w}{d\theta} \tag{4.35}$$

図 4.35 は, 熱発生率の経過とディーゼル噴霧の燃焼過程の関連を示す. 図中の全熱発生率は式 (4.34) の計算から得られる. 火炎発生遅れ τ_i までに, 噴霧外縁部に予混合気が形成される. 混合部に可視火炎が発生すると, この予混合気に沿って火炎が約 60 m/s の速度で噴霧先端に向かって成長する. この間の燃焼は予混合火炎の形態に近く, 火炎の輝度は弱く青味がかった色調である. 噴霧先端に火炎が追いついた時刻は, この形態の燃焼による熱発生率がピークになる. その後, この燃焼は急激に減衰する. ノズル出口への火炎成長速度は 20 m/s 程度であり, 渦流が弱い場合には, 火炎は噴射期間中助走部に絶対に進入しない. 以上, この期間は予混合的燃焼期間または初期燃焼期間という.

拡散火炎の燃焼は可視火炎発生とともに開始されるが, 予混合的燃焼期間終了後, 輝度が高く白味がかったこの火炎が主になり, 熱発生率曲線上に拡散的燃焼

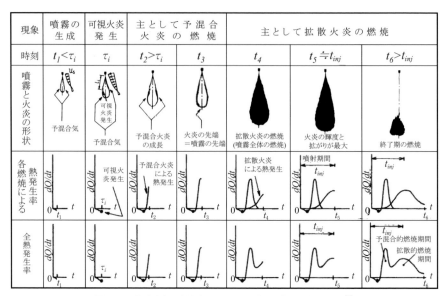

図 4.35　熱発生率の過程とディーゼル噴霧の燃焼過程の関連[24]

期間（または主燃焼期間という）が形成される．火炎の輝度と広がりが最大に達する時刻で熱発生率が第2のピークを示し，これは噴射終了時にほぼ一致する．噴射終了後は噴霧の崩壊律速の燃焼となり，後燃え期間となる．火炎の形態は拡散火炎である．

　圧縮点火機関ではすすの発生が避けられない．これは火炎温度と密接な関連がある．図4.34の中段と下段は，上段のディーゼル噴霧火炎の直接撮影写真に対応する火炎温度と相対的なすす濃度の分布である．火炎温度が高いとすすの濃度は低くなる．

4.4.5　ディーゼルノック

　圧縮点火機関では，着火遅れ期間中に生じた混合気が予混合的燃焼期間の初期に急激に燃焼するため，シリンダ内ガスの圧力 p の上昇が起こる．着火遅れが長くなると，準備された混合気量が増し，図4.36(a)のように圧力上昇率が大になり，指圧線図上に振動が生じる．この現象をディーゼルノックと称し，特有のノック音が発生する．一般に回転数と燃料噴射期間は反比例するが，着火遅れは絶対的時間であるため，クランク角度基準で考えると，同一噴射開始時期の場合回転数が増すと着火遅れが長くなる．したがって，機関が高速になるほどノックが

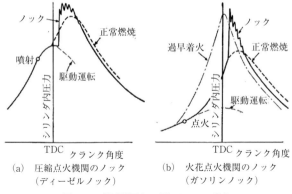

図4.36 指圧線図上に現れるノック現象

起こりやすい.

一方,火花点火機関では,火花によって生じた火炎がシリンダ壁に向かって伝播する際に,未燃混合気が断熱圧縮を受けて温度と圧力が上昇する.その結果未燃混合気が自己着火し,音速を超える速度で正常火炎を反対方向に押し,図4.36(b)に示すがガソリンノックを起こさせる.この場合,火花点火後の発火遅れが短いとこの現象が著しくなる.したがって両者のノック対策は全く反対になる.

表4.4にノック対策法をまとめて示す.

表4.4 ノック対策法

	火花点火機関	圧縮点火機関		火花点火機関	圧縮点火機関
圧縮比	↘	↗	燃料の着火温度	↗	↘
吸気圧力	↘	↗	燃料の着火遅れ	↗	↘
吸気温度	↘	↗	シリンダの直径	↘	↗
シリンダ壁温度	↘	↗	シリンダの容積	↘	↗
回転速度	↗	↘			

↗:高,↘:低.

4.5 さまざまな燃焼コンセプトと燃焼領域

従来の燃焼法に加えて,最近ではさまざまな内燃機関の燃焼コンセプトが提案されている.それらを理解するうえで,縦軸に当量比(ϕ),横軸に温度(T)をとり,反応計算によって得られたすすとNO_xの生成領域を描いたマップ(通称ϕ-Tマップ)が有用である.特に排気浄化の観点から,図4.37のようにおおむね5つの燃焼領域に大別される.

4.5.1　SI（Spark Ignition）領域

4.3 節で述べたガソリン火花点火機関の理論空燃比（ストイキ）すなわち当量比 1 での燃焼領域である．また均質希薄火花点火燃焼は，SI より希薄・低温側に移動して，後述の HCCI と SI の中間の領域となり，燃焼温度の低温化に伴い NO_x 排出が低下する．一方，ストイキ燃焼の直噴ガソリンエンジンも SI 領域に入るが，混合不良による過濃混合気形成や冷間始動時の筒内燃料液膜の液膜燃焼が生じた場合はすす生成半島に近づく燃焼となり，すすが生成される場合がある．

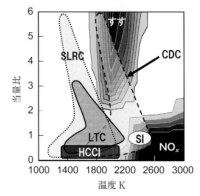

図 4.37　ϕ-T マップ上のさまざまな燃焼コンセプトの燃焼領域[25]

4.5.2　CDC（Conventional Diesel Combustion）領域

4.4 節で述べた一般的な圧縮着火燃焼の領域である．すす半島と NO_x 半島をまたがるため，すすと NO_x の両方が排出される．EGR 量によって低温側に領域が移動する．

4.5.3　LTC（Low Temperature Combustion）領域

すす半島の希薄側，NO_x 半島の低温側に位置し，温度はおおよそ 1400 K 以上の領域である．この領域内での燃焼が排気の観点から望ましい．一例としては，UNIBUS（Uniform Bulky Combustion System）と呼ばれている燃焼がある．早期パイロット噴射で冷炎反応を作り，その後のインターバルを長くとりピストン下降中の温度が低い状態で主噴射することで噴射直後の着火を抑制・制御し，燃料を十分に拡散させることで，混合気の均質化と燃焼の低温化を実現して，その後，急速に予混合燃焼させるものである．そのほか，MK（Modulated Kinetics）燃焼と呼ばれている低温予混合燃焼もおおむね LTC 領域の燃焼と考えられる．燃焼の低温化を大量 EGR により実現している．一方，混合気の均質化は，燃料噴射圧の高圧化による噴射期間の短縮と EGR 冷却および噴射時期の遅延化による着火遅れ期間の長期化によって実現している．高スワールによって，熱効率を維持しつつ予混合燃焼による HC の悪化を防止している．またディーゼル機関における高過給・高 EGR 燃焼は，CDC 領域を LTC 燃焼領域にできる限り近づけるア

プローチの1つと考えられる．通常のディーゼル燃焼では NO_x 排出量を低減する
ために EGR ガスを導入すると吸気中の酸素濃度が低下してすす排出量が増加す
る．一方，高過給化すれば新気と EGR ガス量を同時に増量できる．作動ガス量
の増加による熱容量の増加，EGR 率増加に伴う比熱比の低下による燃焼温度の低
温化が実現できる．また，燃料噴射圧力増大と組み合わせることで，混合気の均
質化を達成し CDC 領域から望ましい LTC 領域に近づけることができる．

4.5.4　HCCI（Homogeneous Charge Compression Ignition）領域

　LTC の中の希薄側の領域．着火までに燃料と空気を十分に混合し，その希薄予
混合気を圧縮自着火させる燃焼法である．混合気が均質なため，図の縦軸方向の
広がりはきわめて小さく，この HCCI 領域で燃焼が完結する．比較的沸点の低い
ガソリンが燃料として用いられる．希薄予混合気燃焼であるため火炎温度が低く
NO_x の排出が低減できる．さらに高圧縮比，比熱比の増加および熱損失の低減が
なされ効率向上が期待できる．燃料と空気が十分に混合され燃料過濃部分が少な
いことから，すすの生成が抑制される．反面，着火時期は混合気の化学的着火遅
れに委ねられるため，着火制御が困難である．また，予混合気の短時間燃焼であ
るため急激な圧力上昇が生じ，負荷が高くなるとノッキングを引き起こす．燃焼
温度が低すぎる場合は反応が凍結し，HC，CO が多量に排出されるなどの課題があ
る．一方，主に軽油を燃料とした PCCI（Premixed Charge Compression Ignition）
では，圧縮行程早期に燃料を噴射して，できるだけ均一な希薄混合気を形成する
ことで，"希薄" LTC 領域での燃焼を実現している．前述の HCCI のような低す
す，低 NO_x 排気特性を実現しつつ，（ある程度の）着火時期の制御性を確保して
いる．予混合化のみで LTC 燃焼を実現しているため，一般的には，その成立範
囲は低負荷領域に限定される．また最近ではガソリン火花点火機関において，燃
焼開始時期制御のために予混合圧縮着火と火花点火を組み合わせた火花点火制御
圧縮着火も提案されている．

4.5.5　SLRC（Smokeless Rich Combustion）領域

　すす半島の低温側で主にはリッチ領域である．自動車用圧縮着火内燃機関にお
いて大量の EGR により燃焼ガス温度をすす生成半島より低温側に移動させ，す
すと NO_x の同時低減を図る燃焼法である．エンジンから排出される HC，CO は
増加するが，一方では，それらの触媒での酸化によって触媒が活性温度以上に保

持されるため浄化率が高く排気の問題を解決している.

参 考 文 献

1) 小笠原光信ほか:燃焼ガス中の NO および CO の生成とその低減法に関する基礎的研究:第2報, NO の生成量といくつかの低減法についての計算結果. 日本機械学会論文集, **39**(327): 3427-3433, 1973.

2) Lewis, B. and von Elbe, G.: COMBUSTION, FLAMES and EXPLOSIONS of GASES Third Edition, Academic Press, 1987.

3) Kimura, I. and Kumagai, S.: Spark Ignition of Flowing Gases, *J. Phys. Soc. Japan*, **11**(5): 599-604, 1956.

4) Kanury, A. M.: INTRODUCTION to COMBUSTION PHENOMENA. Philadelphia : Gordon and Breach, 1975.

5) 新岡 嵩ほか:燃焼現象の基礎, オーム社, 2001.

6) Andrews, G. E., *et. al.*: Turbulence and Turbulent Flame Propagation-A Critical Appraisal, Combustion and Flame **24**: 285-304, 1975.

7) 松村恵理子:ガソリン燃料噴霧と燃焼. ENGINE REVIEW SOCIETY OF AUTOMOTIVE ENGINEERS OF JAPAN, **7**(4): 3-6, 2017.

8) 山下幸宏:ガソリンエンジン用燃料噴射装置の現状と将来. ENGINE REVIEW SOCIETY OF AUTOMOTIVE ENGINEERS OF JAPAN, **7**(4), 7-10, 2017.

9) 小池 誠:直噴ガソリンエンジンにおける混合気形成と燃焼. 豊田中央研究所 R&D レビュー, **33**(4): 3-14, 1998.

10) 飯田訓正ほか:SIP「革新的燃焼技術」ガソリン燃焼チームの研究成果—高効率ガソリンエンジンのためのスーパーリーンバーン研究開発—. 日本燃焼学会誌, **61**(178): 178-192, 2019.

11) 藤本 元ほか:ディーゼル噴霧の性状に関する研究:複数噴霧の形状と複数噴霧間の空気流動. 日本機械学会論文集 B編, **47**(418): 1146-1156, 1981.

12) Kuniyoshi, H., *et al.*: Investigation on the Characteristics of Diesel Fuel Spray, SAE Transactions, Vol. 89, Section 3: 800764-801146, pp. 2998-3014, 1980.

13) 西浦宏亮ほか:ディーゼル機関における燃料噴霧特性に関する研究(第1報)燃料噴射圧力およびノズル噴孔径, 雰囲気密度が非蒸発ディーゼル噴霧のマクロ特性に及ぼす影響. *Atomization Journal of the ILASS-Japan*, **28**(95): 72-77, 2019.

14) 段 智久:ディーゼル燃料噴霧の乱流構造とその形成機構. 同志社大学工学博士論文, 1996.

15) 鎌田修次ほか:高解像度撮影法によるディーゼル噴霧構造の可視化. 微粒化, **17**(58): 59-66, 2008.

16) Fujimoto, H., *et al.*: Distribution of Vapor Concentration in a Diesel Spray Impinging on a Flat Wall by Means of Exciplex Fluorescence Method—In Case of High Injection Pressure—. SAE Technical Paper 972916, 1997.

17) 木村紀雄:直接噴射式ディーゼル機関の燃焼解析(燃焼中間生成物 OH ラジカルの場合). 同志社大学修士論文, 1996.

18) 小林清志:液粒の蒸発および燃焼に関する研究:第3報 燃焼. 日本機械学會論文集, **20**(100): 837-843, 1954.

19) 角田敏一ほか：高温高圧の気体中における燃料液滴の着火おくれに関する研究．日本機械学会論文集，**41**(348): 2475-2485, 1975.

20) 藤本　元，佐藤　豪：定容燃焼装置によるディーゼル機関の燃焼に関する研究（第2報燃焼過程を示す各種の経過時間，とくに火災発生遅れについて）．日本舶用機関学会誌，**12**(12): 873-880, 1977.

21) 藤本　元ほか：定容燃焼装置によるディーゼル機関の燃焼に関する研究（第4報可視火炎発生距離と火炎の成長）．日本舶用機関学会誌，**13**(12): 896-902, 1978.

22) 藤本　元，佐藤　豪：定容燃焼装置によるディーゼル機関の燃焼に関する研究　第1報　火災の性状．日本舶用機関学会誌，**12**(7): 504-513, 1977.

23) 木村紀雄ほか：可視化型機関を用いた直噴式ディーゼル機関の火炎特性の解明．自動車技術会論文集，**23**(2): 9-14, 1992-4.

24) 藤本　元ほか：定容燃焼装置によるディーゼル機関の燃焼に関する研究（第3報熱発生率）．日本舶用機関学会誌，**13**(10): 758-765, 1978.

25) 秋濱一弘：ϕ-Tマップとエンジン燃焼コンセプトの接点．日本燃焼学会誌，**56**(178): 291-297, 2014.

⑤ 熱マネージメント

　内燃機関は，供給された燃料の熱量全部が機関の仕事として取り出されるわけではない．図5.1はこの状況を表した図で，熱勘定あるいはヒートバランスと呼ばれる．熱効率が最も良い最高熱効率点においても供給熱量の約40%しか正味仕事にならず，約55%は冷却・排気損失，約5%が機械・ポンピング損失となる．これらの損失を低減するためや，排気浄化，機関の耐久性を向上させるために，機関の温度を最適にすることが求められる．

　図5.2に機関が始動してからの温度推移と熱マネージメントの狙いを示す．始動初期の温度が低い暖機前においては，機械損失低減などのため，素早く機関を暖機することが求められる．一方，温度が高い場合には，異常燃焼であるノッキ

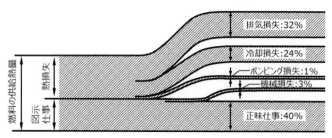

図5.1　内燃機関のヒートバランス（最高熱効率点でのヒートバランス（2ZR-FXE 2016年））（トヨタ自動車提供）

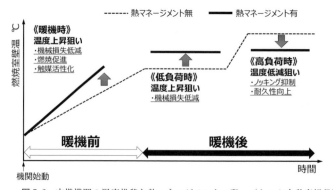

図5.2　内燃機関の温度推移と熱マネージメントの狙い（トヨタ自動車提供）

ングの抑制，耐久性向上のため，機関を冷却することが重要である．このように機関の運転状態によって熱をうまくマネージメントすることが求められている．

5.1 伝熱の基礎

　燃焼による高温ガスの熱が燃焼室の壁を通じて移動する際の模様を，図5.3に示す．温度 T_g [K] の気相の高温ガスから固相の燃焼室への熱移動は，異相間のため熱伝達により決まり，壁表面温度は T_{wi} [K] になる．燃焼室壁内では同じ相なので，熱伝導により温度は T_{wi} から T_{wo} [K] に降下する．外側の燃焼室壁から冷却媒質の間

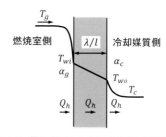

図5.3　燃焼室側から冷却媒質側への熱移動

は異相間の熱移動が行われ，冷却媒質の温度は T_c [K] となる．定常状態では，これら3つの場合の微小時間 Δt [s] の間の熱移動量は等しいとみなせるので，これを Q_h [J] とすると，それぞれ次のようになる．

　①燃焼室内側

$$Q_h = \alpha_g F_g (T_g - T_{wi}) \Delta t \tag{5.1}$$

ここで，α_g は燃焼室内ガスと燃焼室壁間の熱伝達率 [W/m^{2}K]，F_g は高温ガス側燃焼室表面積 [m^2] である．

　②燃焼室壁内

$$Q_h = \frac{\lambda}{l \cdot F_h (T_{wi} - T_{wo}) \Delta t} \tag{5.2}$$

ここで，λ は燃焼室壁材質の熱伝導率 [W/mK]，l は燃焼室壁厚さ [m]，F_h は熱伝導による伝熱面積 [m^2] である．λ は材質によって決まるため，温度は T_{wi} から T_{wo} に直線的に降下する．

　③冷却媒質側

$$Q_h = \alpha_c F_c (T_{wo} - T_c) \Delta t \tag{5.3}$$

ここで，α_c は燃焼室外側壁と冷却媒質間の熱伝達率 [W/m^{2}K]，F_c は冷却媒質側の伝熱表面積 [m^2] である．

　ここで熱通過率を K [W/m^{2}K] とし，$F_m = F_g = F_h = F_c$ と仮定すると，燃焼ガスから冷却媒質への熱移動量 Q_h は

$$Q_h = K F_m (T_g - T_c) \Delta t \tag{5.4}$$

となり，K は次のようになる．

$$\frac{1}{K} = \frac{1}{\alpha_g} + \frac{1}{\lambda} + \frac{1}{\alpha_c} \tag{5.5}$$

α_g に関しては，内燃機関の場合は次の Woschni[1] の実験式が使われることが多い．

$$\alpha_g = 0.013D^{-0.2}(pw)^{0.8}T^{-0.53} \ [\mathrm{W/m^2K}] \tag{5.6}$$

ここで，p はシリンダ内圧力 [Pa]，w はシリンダ内ガス流動項 [m/s]，T はシリンダ内温度 [K] である．なお，α_g の実験式は，Woschni の式以外にも Eicherberg[2] や Annand[3] らの式も提唱されている．

図 5.4 に，榎本らの高速小型水冷火花点火機関，および圧縮点火機関のピストンの温度分布の例を示す．いずれの場合もピストンに熱電対を埋めこみ，そのリード線をリンク機構で取り出して温度が測定された例である．一般的な傾向としては，火花点火機関よりも圧縮点火機関の場合が高い温度を示す．また火炎が直接接するピストントップの表面温度は，ほかに比べて高い．火炎温度が 2200 K 以上まで達するのに対し，ピストン側の温度は 500 K 程度まで下がる．すなわち，水冷効果があり，また 1 サイクル中に火炎が存在する期間が短いため，このようにピストン側の温度は火炎温度より低くなり，熱による破壊に至ることは少ない．

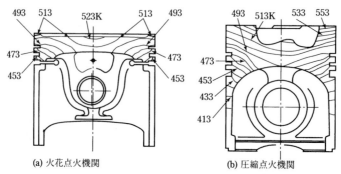

(a) 火花点火機関   (b) 圧縮点火機関

図 5.4　高速小型水冷機関のピストン温度分布（文献[4] を改変）

5.2 冷却・暖機方式

内燃機関においては，水，空気，オイルをコントロールすることで機関各部温度を最適にコントロールすることが一般的である．

5.2.1 水冷方式

自動車用内燃機関においては水冷式が主流であり，その冷却回路は，図 5.5 に

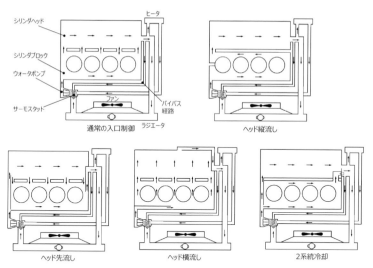

図 5.5 水冷式自動車用内燃機関の冷却回路（自動車技術ハンドブックに加筆）

示すようにウォータポンプ，ラジエータ，サーモスタットを用いる構造が一般的であるが，ノッキングに影響あるシリンダヘッドの冷却性能と，機械損失に影響あるシリンダブロックの早期暖機などを目的として，ヘッド縦流し，ヘッド横流し，2系統冷却など，さまざまな冷却システムが採用されている．

　水冷式の冷却媒体としては通常 LLC（Long Life Coolant）が使用される．LLCは，エチレングリコールを基剤として複数の添加剤を配合させることで多種類の金属に対しても防食性を有すとともに，凍結しにくく作られる．また，冷却性能を低下させないため（熱伝達率を上げるため）できるだけ粘度を低くしている．

　ラジエータは，図5.6のように伝熱面積を増すために，冷却水が通る細いチューブと薄いフィンからなり，冷却水はチューブを通過中に外部の大気へ放熱する．自動車の場合には，走行によってラジエータを通過する大気の速度が速くなり，放熱が促進される．ラジエータにおける冷却水の放熱量 Q_R〔W〕は次式になる．

$$Q_R = c_w G_w (T_{Rwi} - T_{Rwo}) \tag{5.7}$$

ここで，c_w は冷却水の比熱〔J/kgK〕，G_w は冷却水流量〔kg/s〕，T_{Rwi}，T_{Rwo} は冷却水のラジエータ入口，出口温度〔K〕である．空気の冷却水からの受熱量 Q_R〔W〕は冷却水放熱量に等しく，次のようになる．

$$Q_R = c_a G_a (T_{Rai} - T_{Rao}) \tag{5.8}$$

ここで，c_a は空気の定圧比熱〔J/kgK〕，G_a は空気流量〔kg/s〕，T_{Rai}，T_{Rao} は空

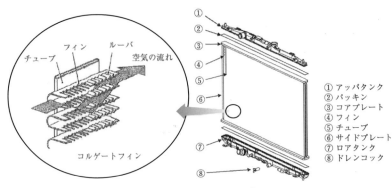

図5.6 ラジエータの構造[5]

① アッパタンク
② パッキン
③ コアプレート
④ フィン
⑤ チューブ
⑥ サイドプレート
⑦ ロアタンク
⑧ ドレンコック

気のラジエータ通過前後の温度［K］である．冷却水と空気の入口と出口の温度差 ΔT_i, ΔT_o［K］，対数平均温度差 ΔT_{lm}［K］を

$$\Delta T_i = T_{Rwi} - T_{Rai}, \quad \Delta T_o = T_{Rwo} - T_{Rao},$$

$$\Delta T_{lm} = \frac{\Delta T_i - \Delta T_o}{\ln\left(\dfrac{\Delta T_i}{\Delta T_o}\right)}$$

とし，ラジエータの放熱面積と熱通過率を F_R［m^2］および K_R［W/(m^{2}K)］とすると，Q_R は以下のように表される．

$$Q_R = K_R F_R \Delta T_{lm} \tag{5.9}$$

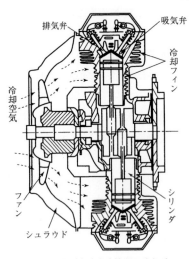

図5.7 小型高速空冷機関の冷却系

冷却水温度は，小型高速機関では340～350 K，熱負荷がより高い中型中速，大型低速の機関では310～320 K が適温とされる．

　ラジエータの内側には冷却ファンが取りつけられ，冷却空気を機関に吹きつける．つまり，水冷方式といえども一部は空冷方法を取り入れていることになる．サーモスタットの役割は冷却水温度の判断で，この温度が低いうちは冷却水はラジエータではなく，直接冷却水ポンプに向かうことで暖機性を向上させている．

5.2.2　空冷方式

水冷方式と比べると空冷方式には次の長所と短所がある.

①外気温度に対して鈍感である.

②暖機に要する時間が短い.

③ラジエータ，冷却水ポンプが不要のため，機関の軽量化が可能である.

④機関騒音が高い.

⑤シリンダとシリンダヘッドの熱変形が起こりやすい.

図5.7は小型空冷機関の冷却系の例である. この機関はファンを備えつけているので強制空冷であるが，ファンがない自然空冷の場合もある. いずれも，走行による機関と空気の間の高い相対速度を利用している.

5.3　最新の熱マネージメント技術

5.3.1　ウォータポンプ

内燃機関を冷却するための冷却水を循環するポンプで，内燃機関とラジエータの間に搭載されている. 自動車用では渦巻き型が多く使われている.

ウォータポンプの駆動は，図5.8に示すようなクランクプーリで駆動するメカ式と，電動車両の増加に伴い，近年では図5.9に示すモータ駆動も普及している. モータ駆動にすることで，補機ベルト，プーリなどの部品削減が可能となる. また，内燃機関回転数に依存せず内燃機関の冷却・暖機要求に合わせた作動が可能なため，最適な冷却水コントロールと，補機ベルト駆動損失低減が可能となる.

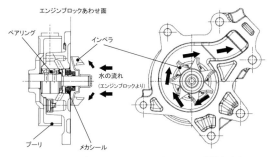

図5.8　メカ式ウォータポンプ（アイシン精機提供）

図5.9　電動ウォータポンプ（トヨタ自動車提供）

5.3.2　冷却水流量制御弁

内燃機関の熱をコントロールするために，前述のウォータポンプにより流量を

コントロールするほかに，冷却水流量制御弁によって流量，流路をコントロールする手法がある．図 5.10 に示すヒータ経路などの単一経路をコントロールする制御弁，図 5.11 に示す複数経路を切り替える制御弁がその一例である．そのコントロールについて以下に解説する．

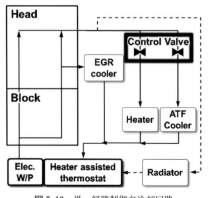

図 5.10　単一経路制御弁冷却回路
（トヨタ自動車提供）

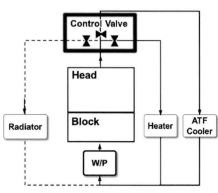

図 5.11　複数経路制御弁冷却回路
（トヨタ自動車提供）

図 5.12　制御弁外観，内部構造
（トヨタ自動車提供）

複数経路を切り替える制御弁の外観図と内部構造を図 5.12 に示す．この制御弁は車両のデバイス〔ヒータ，ラジエータ，ATF（Automatic Transmission Fluid）クーラ〕と接続するために，3 つの出口（ポート）を有している．冷却水を必要とするデバイスの通路のみを開口し，冷却水量を内燃機関の運転状態や，外気温，空調設定に応じてバルブでコントロールする．運転手のアクセル操作や，細かな水温変動にも追従させる必要があるため，応答性の良い DC モータを用いバルブを回転させる構造である．

a. 暖機中

暖機初期は冷却水流路をすべて遮断して，水流れをなくすことで，シリンダヘッド，シリンダブロック周りに熱を集中し，さらにウォータジャケット壁面近傍の熱流束を低下させることで，内燃機関の燃焼室の暖機を早期化することができる．図 5.13 に示すように燃焼室が早期に高温に達するため，燃料噴射と点火の制御を暖機後制御へ切り替えることを早くし，燃費向上，排気をクリーンにするこ

とができ，かつシリンダシステムの機械損失を低減できる．

b．暖機後

暖機後の軽・中負荷域は，ラジエータ冷却水流量を絞り，ラジエータ放熱量を抑えることで水温・燃焼室壁温を高温にし，機械損失を低減できる．

暖機後の高負荷域（ノック領域）においては，図5.14に示すように内燃機関の各部壁温を下げることでノッキングを抑制し，点火タイミングを進角させ燃費を向上させることができる．そのため，制御弁によってラジエータ冷却水流量を増やして，ラジエータ放熱量を増やすことで水温を低減させノッキングを改善できる．

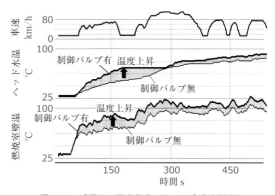

図5.13 暖機中の温度推移（トヨタ自動車提供）

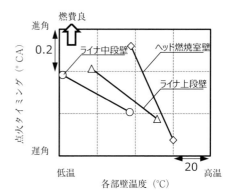

図5.14 各部温度と点火タイミング
（トヨタ自動車提供）

5.3.3 2槽式オイルパン

冷却水のコントロールのみならず，内燃機関ではオイルによる熱マネージージメントも行われている．ここではオイルの早期暖機による機械損失低減を狙った2槽式オイルパン（図5.15）について解説する．信頼性維持に必要な油量に比べ潤滑に必要な油量が少ないことに着目し，総油量（＝信頼性維持に必要な量）は変えずに，オイルパン内を2分割し，少量の内槽油（＝潤滑に必要な油量）のみでエンジン内を油循環させることで，早期暖機を可能としている．

連通孔は，内外槽の油を入れ替えることで，内槽オイルの早期劣化を抑制する役割を担っている．最適な位置に設置することにより，エンジン稼動時や停止時の油面変動を利用し，内外槽の油を入れ替えることを可能としている．

フロート弁は通常は閉弁することで内外槽の油を分割し，オイル交換時のみ開弁することで内槽油を速やかに排出する役割を担っている．シール部品の材料に

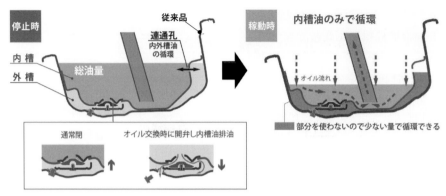

図5.15　2槽式オイルパンの仕組み（太平洋工業提供）

油に浮く（油より比重が小さい）耐熱樹脂を使用することで，通常時は浮力を受けて閉弁し，排油時は浮力を受けないため開弁することを可能としている．

参 考 文 献

1) Woschni, G.: A universally applicable equation for the instantaneous heat transfer coefficient in the internal combustion engine, SAE Paper, No. 670931, 1967.

2) Eichelberg, G.: Some New Investigation on Old Combustion Engine Problems. Engineering, pp. 463-446, 547-560, 1939.

3) Annand, J. D.: Heat Transfer in the Cylinders of Reciprocating Internal Combustion Engines. *Pfoc. Inst. Mech. Eng.*, **177**(36): 1963.

4) 榎本良輝：博士論文『自動車エンジンの温度測定および熱損失に関する研究』，1986.

5) 自動車技術ハンドブック編集委員会編：自動車技術ハンドブック，第4分冊，p. 67, 2005.

6 往復動式内燃機関の力学

6.1 ピストン・クランク機構の運動

図6.1に示すピストン・クランク機構は，シリ
ンダ内で燃焼によってピストンに加えられた圧力
を上下方向運動から回転運動に変換する重要な機
構であり，ピストン，クランク軸（クランクシャ
フト），およびこれらを連結するコネクティングロ
ッド（コンロッド，連接棒）で構成される．ピス
トンとコンロッドは高速で運動し，これらに生じ
る慣性力と遠心力の反力がエンジンを振動させる
加振力となる．エンジンの設計ではシリンダ内で
生じる高い燃焼圧力に耐えつつ，振動を最小に抑
える設計が求められる．本節ではピストンおよび
コンロッドの運動について解説する．

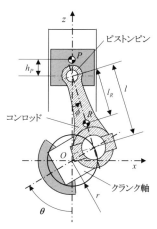

図6.1 ピストン・クランク機構

6.1.1 ピストン重心位置・速度・加速度

図6.1で，ピストンとコンロッドを接続するピストンピンは z 軸上でクランク
アーム半径 r の2倍のストローク s の距離を往復運動する．クランク軸中心 O を
原点とする xz 平面内でのピストン重心位置 P の z 座標 z_P は，クランク角 θ，コ
ンロッドの振れ角 ϕ，コンロッド長 l とクランクアーム半径 r の比（連桿比）$\lambda=$
l/r を用いて式 (6.1) で表せる．

$$z_P = r\cos\theta + l\cos\phi + h_P = r\cos\theta + r\lambda\cos\phi + h_P \tag{6.1}$$

ここで h_P はピストン重心とピストンピン間の距離である．$r\sin\theta = l\sin\phi$ である
ため，$\cos\phi = \sqrt{1 - (\sin^2\theta/\lambda^2)}$ を式 (6.1) に代入すれば，

$$z_P = r\cos\theta + r\lambda\sqrt{1 - \frac{\sin^2\theta}{\lambda^2}} + h_P \tag{6.2}$$

右辺第2項の平方根を級数展開すると

$$\sqrt{1 - \frac{\sin^2\theta}{\lambda^2}} = 1 - \frac{(\sin^2\theta/\lambda^2)}{2} - \frac{(\sin^2\theta/\lambda^2)^2}{8} - \cdots$$

$$= 1 - \frac{((1-\cos 2\theta)/2)}{2\lambda^2} - \frac{((1-\cos 2\theta)/2)^2}{8\lambda^4} - \cdots$$

となり，近似的に第2項までとれば z_P は次式で表せる.

$$z_P = r\left[\cos\theta - \frac{1}{4\lambda}(1 - \cos 2\theta) + \lambda\right] + h_P \tag{6.3}$$

これを時間 t で微分すればピストン速度 v_{z_P} が，さらに t で微分すれば加速度 a_{z_P} が求まる.

$$v_{z\_P} = \frac{dz_P}{dt} = \frac{dz_P}{d\theta}\frac{d\theta}{dt} = \frac{dz_P}{d\theta}\omega = -r\omega\left(\sin\theta + \frac{1}{2\lambda}\sin 2\theta\right) \tag{6.4}$$

$$a_{z\_P} = \frac{dv_{z\_P}}{dt} = \frac{dv_{z\_P}}{d\theta}\frac{d\theta}{dt} = \frac{dv_{z\_P}}{d\theta}\omega = -r\omega^2\left(\cos\theta + \frac{1}{\lambda}\cos 2\theta\right) \tag{6.5}$$

エンジンが n 回/分の定速で回転していれば，角速度は $\omega = 2\pi n/60$ [rad/s] で与えられる．ピストンの最大速度 $v_{z\_P\_max}$ は $a_{z\_P} = 0$ の条件より求まり，λ の値によって $\theta = 75°\sim 77°$ で最大速度となる．これはクランクアームとコンロッドがほぼ直角となる位置で，結果として $v_{z\_P\_max}$ はクランクピンの周速にほぼ等しくなる.

$$v_{z\_P\_max} \fallingdotseq \omega r \tag{6.6}$$

一方，潤滑の面から重視されるピストン平均速度 $v_{z\_P\_mean}$ は次式で与えられる.

$$v_{z\_P\_mean} = \frac{2 \times 2rn}{60} = \frac{rn}{15} = \frac{sn}{30} \tag{6.7}$$

加速度の極値は $da_{z\_P}/d\theta = 0$ より，$\sin\theta = 0$，もしくは $\cos\theta = -\lambda/4$ で得られるが，$\lambda \geqq 4$ の場合は上死点 $\theta = 0°$ と下死点 $\theta = 180°$ でそれぞれ最小値と最大値をとり，$\lambda < 4$ では下死点の前後に2つ極大値が現れる.

　図6.2はピストン重心位置 z_P，速度 v_{z_P} および加速度 a_{z_P} の関係を示した一例で，$r = 43\,\mathrm{mm}$，コンロッド長 $l = 150\,\mathrm{mm}$ とした．機関回転速

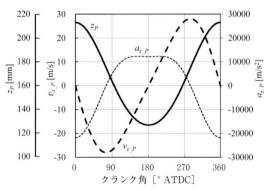

図6.2　ピストン重心位置，速度，加速度

度は 6000 rpm とした計算例であるが，当然のことながら，速度および加速度は
それぞれ回転速度の 1 乗および 2 乗に比例する．

6.1.2 コンロッド重心位置・速度・加速度

コンロッドの重量はピストンよりも重いため，その運動がエンジンの振動に大
きく影響する．図 6.1 の z 軸上を往復するだけのピストンと異なり，コンロッド
重心位置 R は x 軸方向にも移動する．コンロッド長を l，コンロッド小端部から
コンロッド重心位置 R までの距離を l_R，その比 l_R/l を α_R とすると，コンロッド
重心位置の x 座標と z 座標はそれぞれ，

$$x_R = l_R \sin \phi = l_R \frac{r}{l} \sin \theta = r \alpha_R \sin \theta \tag{6.8}$$

$$z_R = r \cos \theta + l \cos \phi - l_R \cos \phi = r \cos \theta + (l - l_R) \sqrt{1 - \frac{\sin^2 \theta}{\lambda^2}}$$

$$= r \left[\cos \theta + \lambda (1 - \alpha_R) \sqrt{1 - \frac{\sin^2 \theta}{\lambda^2}} \right] \tag{6.9}$$

となる．式 (6.3) と同様に右辺第 2 項を級数展開して近似的に第 2 項までとす
る．

$$z_R = r \left\{ \cos \theta + (1 - \alpha_R) \left[\lambda - \frac{1}{4\lambda} (1 - \cos 2\theta) \right] \right\} \tag{6.10}$$

コンロッド重心 R の速度，加速度は式 (6.8) と式 (6.10) をそれぞれ時間 t で 1
回および 2 回微分すると求まる．

$$v_{x\_R} = \frac{dx_R}{dt} = \frac{dx_R}{d\theta} \frac{d\theta}{dt} = \frac{dx_R}{d\theta} \omega = \alpha_R r \omega \cos \theta \tag{6.11}$$

$$v_{z\_R} = \frac{dz_R}{dt} = \frac{dz_R}{d\theta} \frac{d\theta}{dt} = \frac{dz_R}{dt} \omega = - r\omega \left(\sin \theta + \frac{1 - \alpha_R}{2} \sin 2\theta \right) \tag{6.12}$$

$$a_{x\_R} = \frac{dv_{x\_R}}{dt} = \frac{dv_{x\_R}}{d\theta} \frac{d\theta}{dt} = \frac{dv_{x\_R}}{d\theta} \omega = - \alpha_R r \omega^2 \sin \theta \tag{6.13}$$

$$a_{z\_R} = \frac{dv_{z\_R}}{dt} = \frac{dv_{z\_R}}{d\theta} \frac{d\theta}{dt} = \frac{dv_{z\_R}}{d\theta} \omega = - r\omega^2 \left(\cos \theta + \frac{1 - \alpha_R}{\lambda} \cos 2\theta \right)$$

$$= - \alpha_R r \omega^2 \cos \theta - (1 - \alpha_R) r \omega^2 \left(\cos \theta + \frac{1}{\lambda} \cos 2\theta \right) \tag{6.14}$$

6.1.3 慣 性 力

ピストンおよびコンロッドの運動に伴って生じる慣性力がエンジンを上下左右に振動させる起振力となる．ピストンの z 方向往復運動に伴う慣性力 F_{iz_P} は，加速度 a_{z_P} と往復運動部の質量 m_P との積で求まるが，加速度の方向とは逆向きとなる．

$$F_{iz\_P} = m_P r \omega^2 \left(\cos\theta + \frac{1}{\lambda} \cos 2\theta \right) \tag{6.15}$$

右辺第1項は1次慣性力，第2項は2次慣性力と呼ばれる．厳密には3次以上の高次の慣性力もあるが，1次慣性力の0.5%にも満たないので，無視できる．

同様に，コンロッドの往復および回転運動による慣性力は，コンロッド質量を m_R とすると x 方向，z 方向それぞれ，

$$F_{ix\_R} = \alpha_R m_R r \pi^2 \sin\theta \tag{6.16}$$

$$F_{iz\_R} = \alpha_R m_R r \omega^2 \cos\theta + (1 - \alpha_R) m_R r \omega^2 \left(\cos\theta + \frac{1}{\lambda} \cos 2\theta \right) \tag{6.17}$$

この2つの式より，コンロッドの慣性力は図6.3に示すようにクランクピンとともに半径 r で回転する大端部等価質量 $\alpha_R m_R$ の遠心力と，ピストンと一緒に動く小端部等価質量 $(1 - \alpha_R) m_R$ の往復運動慣性力に分割できる．

慣性力と遠心力は高回転化すると角速度 ω の2乗に比例して増大する．ピストン質量とコンロッド小端部等価質量をそれぞれ 0.5 kg，0.3 kg と仮定すると，単シリンダあたりに発生する往復運動慣性力は機関回転速度 6000 rpm（$\omega = 628$ rad/s）で 13 kN にも達し，乗用車の重量に匹敵するきわめて大きな力となる．

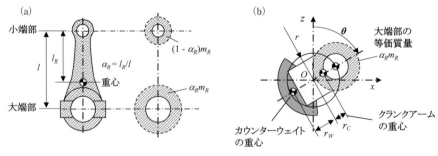

図 6.3　(a) コンロッド小端部および大端部の等価質量，(b) クランク軸周りに発生する遠心力の3つの構成要素

6.1.4 ストローク/ボア比

自動車用やオートバイ用のガソリン機関では，ストローク/ボア比（s/b）が1前後になる設計のものが長らく主流であった．1シリンダの行程容積（排気量）が0.5 L となるエンジンでは，ボアとストロークがともに 86 mm となる場合（$s/b=$1，図6.4中央）が多くみられ，行程容積の断面が正方形になるため，スクエア（正方形）と呼称するエンジンメーカーもあった．

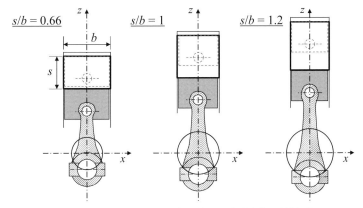

図6.4 ストローク/ボア比の違い（同一の行程容積，連桿比 λ）

モータースポーツ用エンジンでは機関回転数を高くして出力を向上させる．機関回転数が上昇するほど前述のように往復運動慣性力が回転数の2乗に比例して増大し，ピストンスピードも上がるため摺動部の摩擦も増加する．そのため，モータースポーツ用エンジンではストローク/ボア比が1より小さい大ボア径・短ストロークとなることが一般的である．例えば2020年のF1用エンジンの規則ではストローク/ボア比は 0.66（＝53 mm/80 mm）であった（図6.4左）．

熱効率を向上して燃料消費量を低減するため，最近の自動車用機関ではストローク/ボア比が1より大きくなるロングストローク化の傾向にある．圧縮上死点での燃焼室面積と容積の比が小さくなるため燃焼室壁面への熱損失が低減される．吸気バルブを遅く閉じて有効圧縮比を下げ膨張比を高くするミラー（アトキンソン）サイクルを用いるエンジンでは，ストローク/ボア比が1.2程度のロングストロークとなっている（図6.4右）．

6.2 単シリンダ機関の慣性力と平衡

単シリンダ機関では，ピストンおよびコンロッドの慣性力と遠心力を打ち消す

対策を講じないと，実用に耐えない振動を発生する．そこで，図6.3(b)に示すように，クランク軸のクランクアームと反対側にカウンターウェイトを設け，遠心力の左右x方向成分を打ち消す．クランク軸の重心位置とクランク軸中心との距離をr_C，カウンターウェイト重心位置とクランク軸中心との距離をr_Wとすると，カウンターウェイトの質量モーメント（質量×半径）が，次式のようにクランク軸とコンロッド大端部等価質量の質量モーメントと等しくなれば，遠心力が打ち消され左右方向の振動をなくすことができる．

$$m_W r_W = m_C r_C + \alpha_R m_R r \tag{6.18}$$

この状態をオーバーバランス率0%と呼ぶ．オーバーバランス率R_{OB}は次式で定義される．

$$R_{OB} = \frac{m_W r_W - (m_C r_C + \alpha_R m_R r)}{m_P r + (1 - \alpha_R) m_R r} \times 100 \ [\%] \tag{6.19}$$

残るピストンおよびコンロッドの往復運動慣性力を打ち消すために，研究開発用の単気筒エンジンでは図6.5(a)に示す左右対称で逆回転する1次バランサおよび2次バランサが用いられる．1次バランサはクランク軸と等速でかつ互いに逆回転する錘で構成され，2つの質量モーメントの和がピストンおよびコンロッド小端部の質量モーメントの和に等しくなるように設計される．高回転仕様のエンジンではクランク軸の2倍速で回転する2次バランサが追加され，往復運動の2

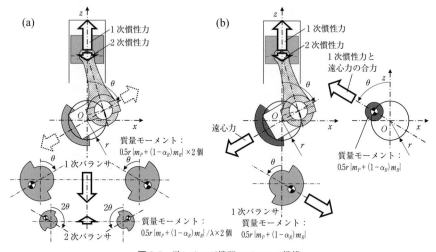

図6.5 単シリンダ機関のバランス機構
(a) 左右対称で逆回転する2軸式1次バランサと2次バランサ，(b) オーバーバランス率50%のカウンターウェイトと1軸式1次バランサ．

次慣性力を打ち消す.

　図 6.5(a) で示す 1 次および 2 次バランサは駆動する部品数が多く摩擦損失が増加するという欠点があり，オートバイでは図 6.5(b) に示す 1 軸の 1 次バランサが用いられる．オーバーバランス率が 50% となるような重いカウンターウェイトを設けてクランク軸周りに遠心力を生じさせると，図 6.5(b) 右に示すように 1 次慣性力と遠心力の合力が往復運動質量の半分の遠心力と等価で，逆回転となる．この合力を相殺するようにクランク軸と逆回転しつつ，質量モーメントが往復運動の質量モーメントの 50% となる 1 軸のバランサを追加することで，上下・左右方向の 1 次慣性力の平衡がとれる．図 6.5(b) の構成は図 6.5(a) の左側の 1 次バランサの遠心力を質量を増したカウンターウェイトで生じさせていることに等しく，2 次バランサがないため 2 次慣性力は残る．

6.3　多シリンダ機関の慣性力と平衡

6.3.1　直列 2 シリンダ機関

　オートバイに多用される直列 2 シリンダ機関のクランク配置を図 6.6 に示す．図 6.6(a) はクランク間隔が 360° で，4 サイクル機関では 360° の等間隔で燃焼しトルクを発生する．図 6.6(b) はクランク間隔が 180° で，4 サイクル機関では不等間隔での燃焼となる．(a) の場合は単シリンダ機関を前後 (y) 方向に 2 つ並べたことと同じであるから，1 次慣性力，2 次慣性力ともに 2 倍となり，単シリンダの場合と同様のバランサ機構（図 6.5）を用いる必要がある．(b) の場合はクランク角の位相差が 180° なので，2 次慣性力は 2 倍となるが，xz 平面内での 1 次慣性力

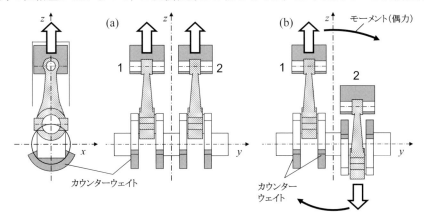

図 6.6　直列 2 シリンダ機関のクランク配置

は1次バランサなしで相殺される．軽量かつ高速回転されるエンジンでは（b）の配置が採用されることが多い．ただし，*yz* 平面内では1次慣性力が前後方向に離れているため，モーメント（偶力）が生じる．そこで，カウンターウェイトをオーバーバランス側に設計して調整している．

6.3.2 直列3シリンダ機関

軽自動車や小型乗用車に多用される4サイクル直列3シリンダ機関のクランクは，図6.7のように120°の位相差で配置され，240°の等間隔でシリンダ 1→3→2 の順で燃焼する．1次慣性力，2次慣性力ともに *xz* 平面内では120°（$2\pi/3$）の位相差により常に相殺されることが，以下の2つの式で容易に理解できよう．

$$\cos\theta + \cos\left(\theta + \frac{2\pi}{3}\right) + \cos\left(\theta + 2\,\frac{2\pi}{3}\right) = \cos\theta - \frac{1}{2}\cos\theta - \frac{1}{2}\cos\theta = 0$$

$$\cos 2\theta + \cos\left(2\theta + 2\,\frac{2\pi}{3}\right) + \cos\left(2\theta + 4\,\frac{2\pi}{3}\right) = \cos 2\theta - \frac{1}{2}\cos 2\theta - \frac{1}{2}\cos 2\theta = 0$$

しかし，3つのシリンダが前後 *y* 方向に並んでいるため，*xyz* の3次元ではモーメント（偶力）が生じる．各気筒がオーバーバランス率0%のカウンターウェイトをもつ場合，図6.7のようにシリンダ1が上死点となる時期ではシリンダ1で上向き，シリンダ3で下向きの慣性力が生じるため，*x* 軸に対して時計回り方向にモーメントが生じる．このモーメントを打ち消す手段としては，オーバーバランス側に設計したカウンターウェイトで相殺する方法があるが，*z* 軸周りのモーメントも生じるため"すりこぎ運動"と呼ばれる三次元的なモーメントとなる．す

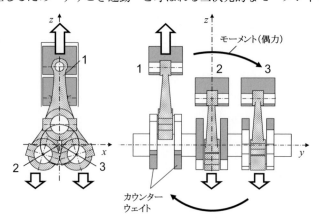

図6.7 直列3シリンダ機関のクランク配置

りこぎ運動を打ち消すためには，クランク軸と逆回転するバランサシャフトで逆向きのモーメントを発生させて打ち消す方法が用いられる．アイドル運転時などのエンジン回転数が 600 rpm 程度と低い場合にはモーメントが運転者に不快な振動を生じやすいという課題があった．最近のハイブリッド車ではアイドル運転を行わないため，逆向きのモーメントを発生させるバランサシャフトは搭載されなくなっている．

6.3.3 直列4シリンダ機関

乗用車や大型オートバイで多用される4サイクル直列4シリンダ機関のクランクは，図6.8のように内側2つのシリンダが外側2つのシリンダと180°の位相差で配置され，180°の等間隔で燃焼する．直列2シリンダ機関の180°位相差クランク配置（図6.6(b)）を対称に2つ並べたものと考えれば，1次慣性力が相殺されつつ，モーメントも

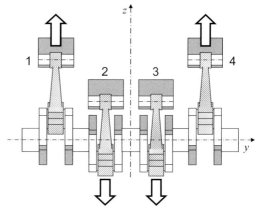

図6.8 直列4シリンダ機関の配置

相殺されることが理解できよう．ただし，2次慣性力が単シリンダ機関の4倍となるため，一部の乗用車用エンジンではクランク軸の2倍速で互いに逆回転する2次バランサ（図6.5(a)）を装着している．

6.3.4 直列6シリンダ機関

大型の乗用車などで用いられる直列6シリンダ機関は，図6.9に示すように直列3シリンダ機関を2つ面対称となるように前後に並べた配置となる．各3シリンダ間で xz 平面内において1次および2次慣性力は相殺され，yz 平面内のモーメントも釣り合うため，機関の平衡の面では理想的な完全バランスとなる．その相反として機関の全長が長くなるため，前方衝突時のクラッシャブルゾーンの確保が難しいなどの問題から，V型配置の6シリンダ機関への移行が進んだ時期があった．しかし，本書の執筆時（2020年）では排気規制への対応が重要な課題となり，排気後処理装置が左右のバンクごとに必要となるV型6シリンダから，片

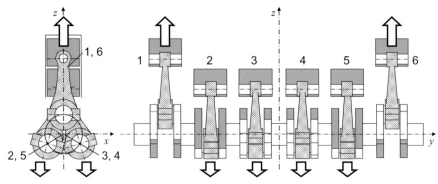

図6.9 直列6シリンダ機関のクランク配置

側に集約できる直列6シリンダ機関へ回帰する動きがみられる.

6.3.5 対向型多シリンダ機関

オートバイやスポーツカーの一部のメーカーで伝統的に用いられてきた配置であり，シリンダ軸（z軸）を水平にとれば低重心化や機関全長の短縮化といった利点がある．図6.10に対向型2シリンダおよび4シリンダ機関のクランク配置を示す．ピストンとコンロッドが xz 平面内で対称の動きをするため，慣性力および遠心力が完全に相殺される．しかし，シリンダ軸が少し y 方向にオフセットする

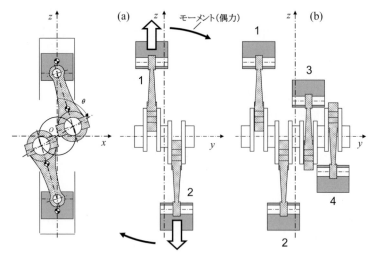

図6.10 対向型機関のクランク配置：（a）2シリンダ，（b）4シリンダ

ため，モーメントが生じる．このモーメントは4シリンダ，6シリンダとシリンダ数を増すほど小さくなる．

　対向型機関のクランク配置における設計上の課題は，片側の隣接シリンダ（図6.10（b）では1と3シリンダ）の間隔を列型機関と同等にしようとすると各構成要素のクランク軸（y）方向の寸法を小さくする必要があるという点である．各シリンダ間に軸受をすべて設けると，クランクアームやコンロッドは非常に薄い形状となる．対向型機関は大ボア径・短ストロークである場合が多いが，この課題が対向型機関でロングストローク化が難しい理由の1つである．

6.3.6　V型多シリンダ機関

　オートバイ，レーシングカー，高級車などで用いられる配置であり，1個のクランクピンを2個のシリンダで共用することでクランク軸長および機関全長を短くできる配置である．左右のバンクのシリンダ軸のなす角をバンク角といい，45°，60°，90°などさまざまな値をとり，シリンダ数も2，4，6，8，それ以上と，さまざまな配置がある．さらには，クランクピンを共用せずに回転方向にオフセットさせた配置もある．本書では，これらの中で基本的な配置となるバンク角90°の2シリンダ機関の慣性力と平衡について説明する．今まで説明してきたz軸上のシリンダに加えて，図6.11に示すようにx軸にシリンダを加える．x軸上のピストンのクランク角（上死点がゼロ）はz軸上のピストンから90°遅れる．2つのピストンおよびコンロッドのz軸，x方向の慣性力は式（6.15）から式（6.17）を用いてそれぞれ，

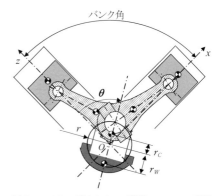

図6.11　90°V型2シリンダ機関のクランク配置

$$F_{i\_z} = 2\alpha_R m_R r\omega^2 \cos\theta + [m_P + (1-\alpha_R)m_R]r\omega^2\left(\cos\theta + \frac{1}{\lambda}\cos 2\theta\right) \quad (6.20)$$

$$F_{i\_x} = 2\alpha_R m_R r\omega^2 \sin\theta + [m_P + (1-\alpha_R)m_R]r\omega^2\left(\sin\theta - \frac{1}{\lambda}\sin 2\theta\right) \quad (6.21)$$

となり，右辺第1項は2つのコンロッド大端部の等価質量の遠心力で，第2項の1次慣性力成分も1つのピストンとコンロッド小端部等価質量が円運動した場合

の遠心力と同じ形になる．そこで，次式

$$m_W r_W = m_C r_C + 2\alpha_R m_R r + [m_P + (1 - \alpha_R) m_R] r \tag{6.22}$$

を満たすようにカウンターウェイトを設計すれば，1次慣性力は xz 平面内で相殺され，2次慣性力のみが残る．

　90°V型配置はV2型やV4型がオートバイ用エンジンで多くみられ，本書執筆時（2020年）のF1用エンジンは規定によりバンク角 90° の V6型となっている．クランクアームを 90° 間隔としたクロスプレーン型クランクシャフトを用いてV8型にすると，2次慣性力も相殺され，かつ 90° 一様の等間隔燃焼となりトルクを平滑化できる．

6.4 トルク発生機構

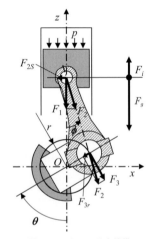

図 6.12 トルク発生機構

　往復動式内燃機関は，シリンダ内のガス圧をピストン頂面に受け，ピストン・クランク機構でクランク軸周りのトルクを発生する．シリンダ内圧力 p はクランク角によって変化する値であり，$p(\theta)$ と表記する．図 6.12 でシリンダ内圧力 $p(\theta)$ とピストン受圧面積 A との積がピストンをシリンダ軸方向に押し下げる力，すなわち，ガス圧によるピストン推力 $F_g(\theta)$ となる．ピストン質量とコンロッド小端部等価質量による慣性力を $F_i(\theta)$ とすると，ピストン推力 $F_g(\theta)$ と慣性力 $F_i(\theta)$ の差がピストンピンにかかるピストン推力 $F_1(\theta)$ となる．

$$F_1(\theta) = F_g(\theta) - F_i(\theta) = Ap(\theta) - F_i(\theta) \tag{6.23}$$

このピストン推力 $F_1(\theta)$ は，ピストンピンでコンロッドを押す力 $F_2(\theta)$ と，シリンダ壁を垂直に押す力 $F_{2S}(\theta)$ に分解される．

$$F_2(\theta) = \frac{F_1(\theta)}{\cos\phi} = \frac{\lambda F_1(\theta)}{\sqrt{\lambda^2 - \sin^2\theta}} \tag{6.24}$$

$$F_{2S}(\theta) = F_1(\theta)\tan\phi \tag{6.25}$$

　さらに $F_2(\theta)$ はクランクピンで，クランクアームに沿う力 $F_{3r}(\theta)$ とクランクアームに垂直な力 $F_3(\theta)$ に分解される．

$$F_3(\theta) = F_2(\theta)\sin(\phi + \theta) = F_2(\theta)\frac{\sin\theta}{\lambda}(\sqrt{\lambda^2 - \sin^2\theta} + \cos\theta) \tag{6.26}$$

クランク軸を回すトルク $T(\theta)$ は，$F_3(\theta)$ とクランクアーム長さ r との積で求まる．

$$T(\theta) = rF_3(\theta) = rF_1(\theta) \sin \theta \left(1 + \frac{\cos \theta}{\sqrt{\lambda^2 - \sin^2\theta}}\right) \tag{6.27}$$

この式（6.27）より，クランク角 θ が0°または180°のとき，トルク $T(\theta)$ がゼロになることは容易に理解できよう．

6.5 オフセットクランク

図6.12で示したピストンがシリンダ壁を垂直に押す力 F_{2S} はサイドフォースと呼ばれ，エンジンの摩擦損失を増大させる．このサイドフォースを低減させるため，多くのガソリン機関では図6.13に示すようにピストンピンの上下方向移動軸とクランク軸中心を10 mm程度オフセットさせている．膨張行程でのコンロッドの振れ角 ϕ も小さくなり，クランクピンを推す力 F_2 をより効率的にトルク T へ変換できる．

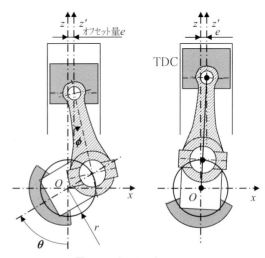

図6.13 オフセットクランク

このオフセットを設けると，クランク軸が真上を向く時期よりもピストンの上死点（TDC）となる時期が遅れる．クランク軸が少し回転し，図6.13右図のようにクランクアームとコンロッドが一直線上になるときにピストン上死点となる．オフセット量が e の場合，その遅れ角度 $\delta\theta$ は

$$\delta\theta = \sin^{-1} \frac{|e|}{l+r} \tag{6.28}$$

となり，上死点でのコンロッド振れ角でもある．オフセットクランクがある場合，ピストンおよびコンロッドの重心位置はオフセットがない場合の式（6.2），（6.8），（6.9）から変更する必要があり，それに伴い重心位置の速度，加速度の式も変化する．また，ピストンのストロークもクランクアーム半径の2倍の値から変化する．

6.6　ト ル ク 変 動

　図 6.14 は 4 サイクル単シリンダ機関が低速回転および高速回転される場合のガス圧および往復運動慣性力によるピストン推力 $F_g(\theta)$, $F_i(\theta)$ と，これらの合力 $F_1(\theta)$ を 1 サイクル，クランク角 θ を 720° にわたって表示したものである．ガス圧の波形は低速回転および高速回転で同一として計算している．2000 rpm の低速回転の場合は，慣性力 $F_i(\theta)$ の影響はほとんどなく，ピストン推力 $F_1(\theta)$ はほぼガス圧による推力 $F_g(\theta)$ に支配される．6000 rpm と高速回転の場合は，回転数の 2 乗に比例する往復運動慣性力にピストン推力は支配され，上死点後のガス圧による推力 $F_g(\theta)$ が慣性力 $F_i(\theta)$ により相殺される．

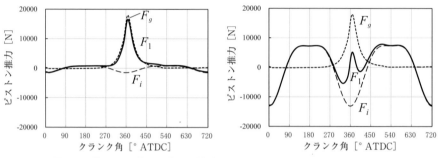

図 6.14　単シリンダ機関のピストン推力の変化：（左）2000 rpm，（右）6000 rpm

　図 6.14 をもとに，式（6.27）で計算される 1 サイクル中のトルク $T(\theta)$ の変化を計算した結果が図 6.15 である．水平線は 1 サイクル中の平均化したトルク T_m である．低速回転のときはガス圧によるピストン推力 $F_g(\theta)$ に対応して膨張行程で正のトルクを発生し，それ以外の時期はトルク $T(\theta)$ がほとんど発生しないた

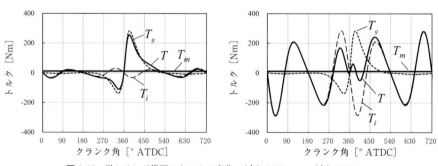

図 6.15　単シリンダ機関のトルクの変化：（左）2000 rpm，（右）6000 rpm

め，間欠的なトルク発生履歴となる．一方，高速回転の場合は往復運動慣性力 $F_i(\theta)$ によるトルク $T_i(\theta)$ がクランク角で約 90°間隔で正と負の間で大きく変動し，クランク角 360°以降に正となるガス圧によるトルク $T_g(\theta)$ は同時期に負となる往復運動慣性力によるトルク $F_i(\theta)$ によって相殺され，トルク $T(\theta)$ の値は小さくみえる．

複数のシリンダをもつ機関では，クランク軸が 2 回転する間に複数回ガス圧による正のトルクが加わるため平滑化される．図 6.16 に図 6.15(右)と同じ条件（高速回転 6000 rpm，往復部重量，ガス圧履歴など）のもと，直列配置でシリンダ数を 3，4，6 と増やした場合のトルク変動を示す．直列 3 シリンダの場合，3 つのシリンダ間で往復運動慣性力 $F_i(\theta)$ によるトルク変動が打ち消しあい，単シリンダのトルク波形（図 6.15(右)）と同様なトルク波形がクランク軸 2 回転中に 3 回生じる．直列 4 シリンダの場合は 4 つのシリンダの往復運動慣性力によるトルク $T_i(\theta)$ のピーク時期が揃ってしまうため，$T_i(\theta)$ によるトルクの変動幅が直列 3 シリンダに比べて増大し，クランク角 360°以降のガス圧による正のトルクは負になる往復運動慣性力によるトルク $T_i(\theta)$ を相殺して持ち上げているようにグラフの波形に表れる．直列 6 シリンダの場合は 2 シリンダずつ往復運動慣性力によるトルク $T_i(\theta)$ のピーク時期が揃うため，直列 4 シリンダと同様にクランク角 360°以降のガス圧による正のトルクは負になる往復運動慣性力によるトルク $T_i(\theta)$ を相殺するが，トルク変動幅は直列 4 シリンダよりも小さくなる．

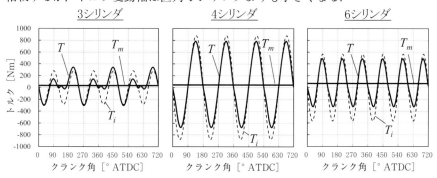

図 6.16 列型複数シリンダ機関のトルクの変化（6000 rpm）

6.7 フライホイール

これまでの説明では，機関の回転速度，すなわちクランク軸の角速度 ω を一定として取り扱ってきたが，実際にはトルク変動に伴って角速度 ω も変化する．そ

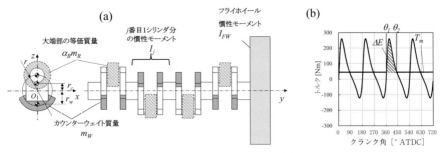

図 6.17　(a) フライホイールおよび各シリンダの慣性モーメント，(b) トルク変動と角速度上昇に必要な
エネルギー ΔE（機関回転数 1000 rpm）

の変化を低減するため，往復動式内燃機関では例外なくフライホイール（はずみ
車）が用いられる．図 6.17(a) に示すように慣性モーメントが大きいフライホイ
ールをクランク軸の後端に設け，平均トルクよりも大きいトルクが発生するとき
は回転エネルギーとして吸収し，トルクが平均トルクを下回るときは回転エネル
ギーを放出して角速度 ω を平滑化する．平均トルク T_m からの変動成分 $(T - T_m)$
と角速度 ω の時間的変化 $d\omega/dt$ の間には次の関係がある．

$$I\frac{d\omega}{dt} = T(\theta) - T_m \tag{6.29}$$

ここで，I は各シリンダの回転運動部分の慣性モーメント I_j とフライホイールの
慣性モーメント I_{FW} の合計である．シリンダの数を N とすると次式となる．

$$I = I_{FW} + \sum_{j=1}^{N} I_j = I_{FW} + N(m_W r_W^2 + m_C r_C^2 + \alpha_R m_R r^2) \tag{6.30}$$

図 6.17(b) に示すトルク $T(\theta)$ の波形において，式 (6.29) よりトルクが負から
増加して平均トルク T_m と等しくなるとき θ_1 に角速度 ω は最小値 $\omega_{\min}$ となり，ト
ルクが減少して T_m と等しくなるとき θ_2 に最大値 $\omega_{\max}$ となる．平均角速度を ω_m
$(\doteqdot (\omega_{\max} + \omega_{\max})/2)$ とすると，角速度変動率 $\Delta\omega$ は次式で表せる．

$$\Delta\omega = \frac{\omega_{\max} - \omega_{\min}}{\omega_m} \tag{6.31}$$

角速度 ω を最小値 $\omega_{\min}$ から最大値 $\omega_{\max}$ まで加速する際に必要なエネルギー ΔE
は

$$\Delta E = \frac{I}{2}(\omega_{\max}^2 - \omega_{\min}^2) = \int_{\theta_1}^{\theta_2} (T(\theta) - T_m)\,d\theta \tag{6.32}$$

となり，図 6.17(b) のハッチング部の面積で表される．角速度変動率 $\Delta\omega$ は次式

となる.

$$\Delta\omega = \frac{\Delta E}{I\omega_m^2} \tag{6.33}$$

この式から容易に理解できるように，高速回転で角速度 ω が高い場合は角速度変動率 $\Delta\omega$ は ω の2乗に反比例して小さくなる．低速回転でガス圧によるトルク変動が大きい場合に角速度変動率 $\Delta\omega$ が大きくなる．多シリンダ機関に比べてクランク軸2回転中のガス圧によるトルク発生回数が少ない単シリンダ機関では角速度変動率 $\Delta\omega$ は非常に大きくなるため，単シリンダ機関ではフライホイールの慣性モーメント I_{FW} を多シリンダ機関に比べて大きくする必要があり，相対的に直径が大きく質量が大きいフライホイールが装着される．

6.8 クランク軸のねじり振動と曲げ振動

前節までに述べたように，クランク軸2回転の間にトルクは周期的に変動し，その変動をフライホイールで抑えている．そのため，クランク軸には各シリンダと終端のフライホイールによって絶えずねじるトルクが生じている．また，クランク軸には各シリンダによる曲げの力も生じる．例えば図6.9に示すような6シリンダ配置で両端のシリンダが上死点に位置するとき，クランク軸は両端で上向き，内側のシリンダで下向きの力がかかり曲げられる．このようにクランク軸にはねじりと曲げに周期的な強いトルクや力がかかるため，単にねじりと曲げに耐えられる強度・剛性をもたせるだけでなく，ねじり振動と曲げ振動への対策が必要となる．特に直列6シリンダのようにクランク軸が長いシリンダ配置では，設計段階で十分な検討が必要となる．

現在，クランク軸のねじり振動と曲げ振動に対しては，3次元CADで作成した3次元ソリッドモデルについて有限要素法（FEM）によるシミュレーションでモ

高

応力

低

図6.18 FEM によるクランク軸のモード解析例

ード解析することが一般的となっている．FEM でねじり振動と曲げ振動の固有振動モード・振動数を算出し，多用する運転条件のエンジン回転数で決まる振動数およびその高調波が固有振動数に重ならないように設計に反映される．直列3シリンダ機関のクランク軸およびフライホイールに対する FEM によるモード解析の例を図 6.18 に示す．曲げやねじりによる変形量を大きく増幅して表示している．

6.9　可変圧縮比クランク機構

　本章の最後に，低中負荷での熱効率向上と高負荷での出力向上とを両立する手段として 2018 年に乗用車用エンジンとして量産化された可変圧縮比機構（図6.19）を紹介する．クランクピンとピストンピンを直接連結するコンロッドに代わり，アッパーリンクとロアリンクを組み合わせ，ロアリンクの中央でピストンピンに連結される．ロアリンクの反対側にはコントロールリンクが接続され，アクチュエータが回転してコントロールリンクを動かすことでロアリンクの角度が変化し，ピストンのストロークを変化させて幾何学的圧縮比を変えている．低負荷時の熱効率を向上させるときはコントロールリンクを下げて圧縮比を 14 まで上げ，高負荷時にノッキングを避けるときはコントロールリンクを上げて圧縮比を8 まで下げる．このようなリンク機構が多く追加されるとリンク部の摩擦が増え

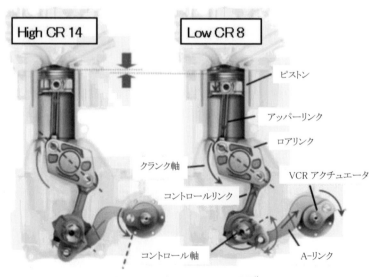

図 6.19　可変圧縮比クランク機構[1]

るという欠点があるが，ピストンピンにつながるアッパーリンクの振れ角が従来クランク機構に比べて小さくなりサイドフォースによる摩擦が減ることで相殺している．さらに，ピストンの上下運動がサインカーブに近くなることで2次振動を生じさせず，2次バランサが不要になるといった利点もある．

参　考　文　献

1) 日吉亮介ほか：実用シーンでのエンジン熱効率向上を狙いとした可変圧縮比ターボエンジン VC-T 用アクチュエータの開発．自動車技術会 2018 年秋季大会学術講演会講演予稿集，2018．

⑦ 潤 滑

7.1 潤 滑 の 基 礎

7.1.1 摩擦の三形態と Stribeck 曲線

内燃機関のすべり面では，摩擦と摩耗の低減を図るため油などで潤滑されることが一般的である．潤滑されたすべり面は，おおよそ以下の三形態に分類される．

①相対二面が潤滑油膜で完全に隔てられ，付加荷重（＝すべり面に直角に作用する荷重）のすべてが油膜に発生する流体力で支持される状態（流体潤滑）

②相対二面が固体接触し，付加荷重のすべてが接触部で支持される状態（境界潤滑）

③①と②が共存し，付加荷重の一部が流体力，残りが接触部で支持される状態（混合潤滑）

どの形態になるかは，すべり速度，付加荷重および潤滑油粘度の3つで決まり，各形態における摩擦係数は図7.1の特性を示す．この曲線を提唱者の名から Stribeck 曲線（正しくはシュトリベックと読むが日本語ではストライベックで定着している）と呼ぶ．内燃機関の主なすべり面（ピストン-シリンダボア，軸受，動弁系）は，Stribeck 曲線上でおおよそ図7.1に示す範囲にある．

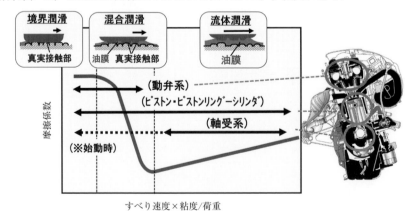

図7.1　エンジン各すべり面と Stribeck 曲線

　内燃機関の主なすべり面は，上記の潤滑状態を保ったうえで，高温部の冷却，衝撃荷重の分散と吸収，金属材料の腐食防止，ガスの気密作用（ピストンリング–シリンダ間）など，きわめて多様で重要な役目を担っている．

7.1.2　流体潤滑と Reynolds 方程式

　流体潤滑状態では，すべり面すきまにおける潤滑油の流れと圧力の発生が摩擦潤滑特性を決める．図 7.2(a) に示すすきまの流れについて以下の仮定をおく．

- ・ニュートン流体，非圧縮性，層流
- ・粘性が支配的（慣性力，体積力を無視）
- ・すきま（z 方向）の寸法が他の方向（x, y）に比べて十分小さく，z 方向に圧力 p が一定．さらに速度（u, v, w），圧力 p の x, y 方向勾配が z 方向勾配に比べて無視できる．

　以上の仮定のもとに，ナビエ・ストークス方程式および連続の式を連立させると，油膜圧力 p について以下の方程式を得る．

$$\frac{\partial}{\partial x}\left(\frac{h^3}{12\eta}\frac{\partial p}{\partial x}\right)+\frac{\partial}{\partial y}\left(\frac{h^3}{12\eta}\frac{\partial p}{\partial y}\right)=\frac{U}{2}\frac{\partial h}{\partial x}+\frac{\partial h}{\partial t} \tag{7.1}$$

ここで，h は油膜厚さ，η は潤滑油粘度，U は面の速度，t は時刻である．式 (7.1) を，提唱者の名から Reynolds 方程式と呼ぶ．

　式 (7.1) を図 7.2(b) に示す定常状態（$\partial h/\partial t=0$），2 次元の油膜に適用すれば，

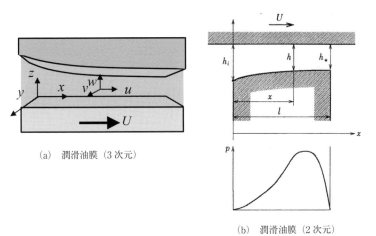

（a）潤滑油膜（3 次元）

（b）潤滑油膜（2 次元）

図 7.2　潤滑油膜の概念図（文献[1] ほか）

$$\frac{\partial}{\partial x}\left(\frac{h^3}{\eta}\frac{\partial p}{\partial x}\right)=6U\frac{\partial h}{\partial x} \tag{7.2}$$

境界条件を $x=0$ および $x=l$ で $p=0$ として，式 (7.2) を x について 2 回積分すると

$$p=6\eta U\left[\int_0^l\frac{dx}{h^2}-h_m\int_0^l\frac{dx}{h^3}\right] \tag{7.3}$$

ここで，h_m は油膜形状で定まる積分定数で，$\partial p/\partial x=0$ の位置の油膜厚さである．油膜厚さ h が x の関数で与えられれば括弧内が積分できる．また負荷能力すなわち荷重 W は式 (7.3) をすべり面に沿って積分し，単位幅について表せば次式となる．

$$W=\int_0^l p\,dx=\frac{6\eta Ul^2}{h_{i*}^2}f(a),\quad h_{i*}=h_i-h_*,\quad a=\frac{h_i}{h_*} \tag{7.4}$$

h_i は入口油膜厚さ，h_* は出口油膜厚さ，$f(a)$ は荷重に関する無次元係数で，油膜形状で定まる．式 (7.4) から，潤滑油粘度 η, すべり速度 U およびすべり面長さ l が大きいほど，また油膜 h が薄いほどすべり面の負荷能力は向上することがわかる．

　一方，潤滑油のせん断応力 τ は運動面に関して次式で与えられる．

$$\tau=-\frac{h}{2}\frac{dp}{dx}-\frac{\eta U}{h} \tag{7.5}$$

すべり面の単位幅あたりの摩擦力 F はこれを積分して

$$F=\int_0^l\tau\,dx=\frac{\eta Ul}{h_{i*}}g(a) \tag{7.6}$$

　$g(a)$ は摩擦に関する無次元係数で，油膜形状で定まる．式 (7.6) より，潤滑油粘度 η, すべり速度 U およびすべり面長さ l が大きいほど，また潤滑油膜 h が薄いほど，すべり面の摩擦力は増大する．以上より，流体潤滑下でのすべり面の負荷能力向上と摩擦力低減とは相反する関係にある．ピストンスカート部の縮小，クランク軸受の小径化などは，すべり面長さ l を短くして摩擦損失を低減する試みであるが，負荷能力の低下を招くことに注意しなければならない．

　荷重の増大，すべり速度の減少，あるいは潤滑油粘度の低下に伴い油膜が薄くなると，境界潤滑（図 7.1 の左側）へと移行する．境界潤滑時の油膜厚さは，潤滑油数分子程度といわれている．金属どうしの接触は，すべり面の仕上げ精度によるが，両面の突起部の一部から始まり，その部位が増大していく．このような

状況では，摩擦および摩耗の増大，さらには焼き付きを招くので，これを防止するよう配慮されなければならない．

7.2 内燃機関用潤滑油

7.2.1 組成と特性

一般に潤滑油は基油（ベースオイル）に数種類の添加剤を数 ppm～数％程度混合させたものである．基油は，原油の蒸留から得られる多成分の炭化水素からなる鉱油，または単一成分の化学合成油である．添加剤には表7.1のような種類があり，※で示すものは内燃機関用潤滑油に通常配合されるものである．一般にガソリン機関では酸化安定性，低温および高温時の清浄性，腐食防止性，耐摩耗性および消泡性が要求され，ディーゼル機関ではこれらに加え，すすの分散性および硫黄分を含む低質燃料使用時の腐食防止性と清浄性が重要となる．

表7.1 エンジン油に含まれる添加剤の種類と機能

目 的	種 類	機 能	
潤滑性の向上	油性剤	金属表面に吸着膜を形成し，摩擦摩耗を減少させる	
	極圧剤（摩耗防止剤）	金属表面に化学反応による被膜を形成し，焼付きを防ぐとともに摩擦摩耗を減少させる	※
	摩擦調整剤（FM）	金属表面に物理吸着膜・化学反応被膜を形成し，望ましい摩擦特性に調整する	
粘度特性の向上	粘度指数向上剤（VII）	温度上昇による油の粘度低下，温度低下による油の粘度増加を抑制する	
劣化抑制寿命の延長	酸化防止剤	油の酸化劣化を防ぐ	※
	金属清浄剤	油の劣化によって生成する酸を中和するとともに，金属表面に付着した沈積物を取り除き可溶化する	※
	無灰分散剤	不溶解物を油中に分散する	※
その他	流動点降下剤	低温での流動性を上げ始動性を向上させる	※
	消泡剤	泡立ちを抑制する	
	さび止め剤	金属表面への吸着による保護被膜を形成し，さびの発生を抑制する	

※：エンジン油に通常配合される
空欄：必要に応じて配合される

7.2.2 規格と種類

すべり面の負荷能力確保と摩擦損失低減の立場から，内燃機関用潤滑油の基油に要求される最も重要な特性は粘度である．自動車用エンジン油では表7.2に示す SAE（Society of Automotive Engineers）の粘度分類が採用されている．−15℃以下における粘度範囲を規定するWのついた数値と，100℃における粘度範囲を規定する数値などからなり，いずれも数値が大きいほど高粘度である．ど

表7.2 SAEエンジン油粘度分類 (SAE J300 January 2015)

SAE 粘度分類	低温クランキング (CCS) 粘度 以下, mPa·s	低温ポンピング限界 (60,000 mPa·s) 温度上限, ℃	動粘度 (100℃) 以上, mm²/s	未満, mm²/s	高温高せん断 (HTHS) 粘度 (150℃, 10^6 s^{-1}) 以上, mPa·s
0W	6,200 (−35℃)	−40	3.8	—	—
5W	6,600 (−30℃)	−35	3.8	—	—
10W	7,000 (−25℃)	−30	4.1	—	—
15W	7,000 (−20℃)	−25	5.6	—	—
20W	9,500 (−15℃)	−20	5.6	—	—
25W	13,000 (−10℃)	−15	9.3	—	—
8	—	—	4.0	6.1	1.7
12	—	—	5.0	7.1	2.0
16	—	—	6.1	8.2	2.3
20	—	—	6.9	9.3	2.6
30	—	—	9.3	12.5	2.9
40	—	—	12.5	16.3	2.9/3.7※
50	—	—	16.3	21.9	3.7
60	—	—	21.9	26.1	3.7

CCS: Cold Cranking Simulator
MRV: Mini-Rotary Viscometer
HTHS: High Temperature and High Shear Rate
※: 2.9 は 0W-40, 5W-40, 10W-40 用, 3.7 は 15W-40, 20W-40, 25W-40, 40 用

ちらか一方の規定のみのものをシングルグレード油, 両者の規定を有するものをマルチグレード油と呼ぶ. 2020 年現在, 日本国内の乗用車用ガソリン機関では 0W-20, ディーゼル機関では 10W-30 が一般的であるが, 摩擦損失低減のため, ガソリン機関では 0W-16, 0W-8 などの低粘度油が実用化されつつある.

　潤滑油の品質に関しては, 内燃機関の種類, 使用環境, 運転条件によってさまざまな要求仕様があり, 添加剤の配合によってこの要求が満たされる. これを規格化したものとして米国 API (American Petroleum Institute) のサービス分類, および日米の自動車業界が中心となって 1993 年より制定された ILSAC (International Lubricant Specification Advisory Committee) 規格がある. これらを表7.3 に示す. 機関の小型・高出力化, およびハイブリッド用など運転環境の変化に伴い, 要求性能を満たす規格レベルが年々高度化・多様化しており, これに対応する添加剤の配合技術が発達している.

表7.3 エンジン油の品質規格（文献[2]をもとに補筆）

〈ガソリン用〉

API 規格 （米国）	ILSAC 規格 （日米）	特　徴
SJ	GF-2	1996 年制定．それ以前の規格 SH の性能を向上．蒸発性，せん断安定性に優れる．
SL	GF-3	2001 年制定．SJ に比べ，省燃費性の向上（CO_2 の削減）・排出ガスの浄化（CO，HC，NO_x の排出削減）・オイル劣化防止性能を向上（廃油の削減・自然保護対策）
SM	GF-4	2004 年制定．SL に比べ，浄化性能・耐久性能・耐熱性・耐摩耗性に優れる
SN	GF-5	2010 年制定．SM に比べ，省燃費性能の持続性のさらなる向上や触媒保護性能を強化
SP	GF-6	2020 年制定．SN に比べ，早期着火抑制性能，耐熱性，耐摩耗性などのロバスト性および省燃費性能を強化

〈ディーゼル用〉

API 規格 （米国）	特　徴
CH-4	1998 年制定．1998 年排ガス規制に適合する高速 4 ストロークエンジン向け．燃料中の硫黄分 0.5%未満を想定．CD，CE，CF-4 および CG-4 の代替．
CI-4	2002 年制定．2004 年排ガス規制に適合する高速 4 ストロークエンジン向け．EGR（排ガス再循環装置）装着エンジンの耐久性維持に対応．
CJ-4	2010 年以前のモデルで Tier 4 排ガス規制に適合する高速 4 ストロークエンジン向け．排ガス後処理システムの耐久性維持に対応．触媒毒・PM によるフィルタ閉塞・ピストン堆積物などの抑制，高温・低温安定性，すす処理，摩耗防止などの制御性に優れる．
CK-4	2017 年 Highway および Tier 4 排ガス規制適合ならびにそれ以前の年式の高速 4 ストロークエンジン向け．ディーゼルパティキュレートフィルタ（DPF）などの排ガス後処理システムの耐久性維持に対応．PM によるフィルタ閉塞・ピストン堆積物等の抑制，高温・低温安定性，すす処理，摩耗防止などについて CJ-4 以上の性能を有する．
FA-4	2017 年以降のモデルで温室効果ガス（GHG）排出基準に適合する特定の高速 4 ストロークエンジン向け．高温高せん断（HTHS）粘度を 2.9-3.2 mPas に調整．DPF の耐久性維持に対応．PM によるフィルタ閉塞・ピストン堆積物などの抑制，高温・低温安定性，すす処理，摩耗防止について CJ-4 以上の性能を有する．

7.3 潤 滑 系 統

　乗用車用内燃機関の潤滑系統の一例を図7.3に示す．潤滑油が機関下部のオイルパンにためられており，オイルポンプにより，フィルタを通して機関各部に圧送される．オイルポンプとしては図7.4(a)に示す内接ギアポンプ，(b)に示すベーンポンプなどが採用されている．オイルポンプの吐出圧・流量は，潤滑経路中に設けられた油温・油圧センサ信号に基づき，電子制御ユニット（ECU）により，運転条件に応じた適正値に制御される．

　主な潤滑箇所は動弁系，クランク軸系およびピストンとシリンダ間である．図7.3に示す可変バルブタイミング機構（VVT）を有する動弁系の例では，潤滑油がシリンダヘッド内の油路からカムシャフト軸受部，シャワーパイプからカムす

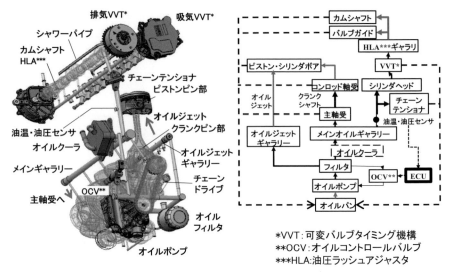

図7.3　自動車用エンジンの潤滑系統図（例）[3]

*VVT：可変バルブタイミング機構
**OCV：オイルコントロールバルブ
***HLA：油圧ラッシュアジャスタ

べり面に導かれている．クランク軸系では，メインギャラリーに蓄積された潤滑油がまず主軸受部に供給され，クランクシャフト内の油路を通してクランクピン部に導かれる．シリンダ壁とピストンピン部には，オイルジェットギャラリーからピストン裏側に直接油を

（a）　内接ギアポンプ　（b）　ベーンポンプ
図7.4　潤滑油ポンプ[3]

噴出させて供給することが乗用車用内燃機関では一般的であるが，大型機関では連接棒の中心を通る油路が設けられることもある．

舶用の大型機関では低質燃料を使用することから，クランク軸系とピストン・シリンダ系の潤滑系統を分離し，潤滑油の種類を変える場合もある．また小型汎用機関では，特別の潤滑油輸送系統をもたず，連接棒大端部に設けた突起物によってオイルパンにためられた油をすくい上げて機関各部にはねかける，飛沫潤滑方式を採用している．

7.4　各部位の潤滑機構

7.4.1　ピストン・ピストンリングとシリンダボア間の潤滑

ピストンは，ピストン本体にピストンリングが装着され，シリンダ内面（ボア）と摺動する．乗用車用エンジンのピストンリングは図7.5に示すような3本構成

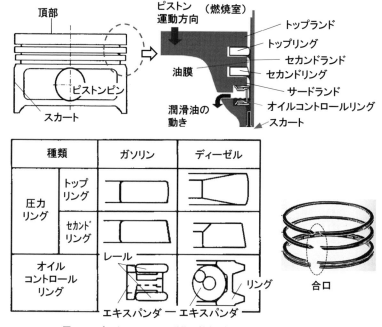

図7.5 ピストンリングの形状と機能（乗用車用エンジンの例）

が一般的である．トップリングとセカンドリングは主に燃焼ガスのシールとピストン冷却の機能を有し，あわせて圧力リング（コンプレッションリング）と呼ぶ．

トップリング外周面はバレル形状，セカンドリングはテーパ形状とすることが一般的である．オイルコントロールリングは，上方の圧力リングに適正な供給油量となるようボア面の油膜厚さを制御する．オイルコントロールリングには，上下2本のレールとこれらに張力を与えるエキスパンダの3点からなる3ピースリング，ならびにH形断面のリングとエキスパンダの2点からなる2ピースリングがある．これらピストンリング外周面とシリンダ間の潤滑には次のような特徴がある．

①すべり面積が小さく，高温・高負荷の環境にある．

②潤滑油消費を低減するため，必要最小限の油量しか供給されない．

③すべり速度が0から最大速度（約20 m/s）の間で変動，かつ方向が反転する．

④燃焼生成物が潤滑油の劣化，すべり面の腐食を助長する．

これらリングの外周面に加え，ピストンスカート部がシリンダボアと摺動する．

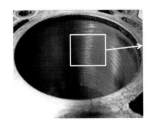 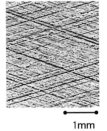 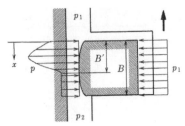

1mm

図7.6　シリンダボアのクロスハッチ　　　　図7.7　ピストンリングに作用する力

シリンダボアには図7.6に示すクロスハッチと呼ばれる加工溝が施され，燃焼ガスにさらされたボア面に一定量の潤滑油を保持し，焼付きを防ぐとされる.

　ピストンリング外周面とシリンダボア間のすべり面に働く力は機関の行程，ピストン位置，運転速度などによって複雑に変化する. 図7.7に，トップリングの圧縮行程における作用力を模式的に示す.

　ピストン半径方向外向きの力 F_1 は

$$F_1 = p_1 B + T \tag{7.7}$$

ここで，p_1 はリング背面の圧力，B はリングの厚み，T はリングの張力である. これと平衡する内向きの力 F_2 は次式で与えられる.

$$F_2 = \int_0^B p\,dx + p_2(B - B') \tag{7.8}$$

ここで，p は油膜圧力，p_2 はリング下方の圧力，B' は油膜圧力発生幅である. リング背面の圧力 p_1 は，トップリングでは燃焼室圧力，セカンドリングではセカンドランド圧力となる. 油膜圧力 p は，外周面のバレル・テーパ形状に起因する流体潤滑効果により生じるが，この値が p_1 より高いので気密が保たれる.

　一方，ピストン運動方向に働く力はすべり面の摩擦力，p_1 と p_2 の差圧，リングの往復動慣性力である. 低速運転時の圧縮・膨張行程では，リングは溝の下面に密着し，気密を保持しているが，高速になるにつれて慣性力が増大し，上死点付近でリングが溝上部に移動する現象が現れる. こうした状況では，燃焼室の高圧ガスがリング背面およびすべり面を通ってクランク室側に漏れる. また，ピストンリングの合口部では特別の工夫をしない限り常時漏れが発生する. これらの流れをブローバイと呼ぶ. ブローバイガスはオイルパン内の潤滑油の劣化を促進し，機関管理上好ましくないので，一定以下に抑制する必要がある.

　ピストンとシリンダボア間に作用する摩擦力の測定方法として，図7.8に示す

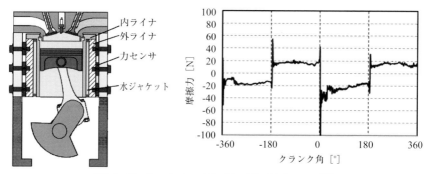

図7.8 ピストン-シリンダボア間の摩擦（浮動ライナ法）[4]

浮動ライナ法が知られている．この方法では，シリンダライナをブロック本体から切り離し，その間に力センサを設けることにより，各クランク角においてライナに作用する摩擦力の波形を計測できる．

ピストンリング外周面とシリンダボア間の油膜について，7.1.2項の潤滑理論を適用すると，図7.9に示すように，行程中央近傍ではピストン速度が高く，外周面のバレル・テーパ形状によって生じるウェッジ効果のため厚い油膜が形成されるのに対し，上下死点近傍ではピストン速度が低く，油膜が薄くなる．これに伴い，流体潤滑が保たれず，境界潤滑に移行して固体接触による摩擦力のピークが発生する．そのため，上下死点付近ではシリンダ摩耗量が多い．理論計算によ

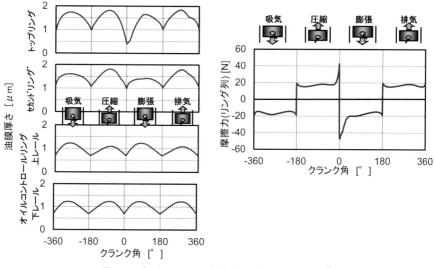

図7.9 ピストンリングの油膜厚さと摩擦力（計算例）[6]

る摩擦波形は浮動ライナによる計測波形（図7.8）の特徴をよく表している．

7.4.2 クランク軸受

a. ジャーナルすべり軸受（平軸受）の構造

　内燃機関の回転部（クランク軸）の支持には，一般に高負荷・変動負荷に耐え，耐久性にすぐれたジャーナルすべり軸受（平軸受）が採用される．軸受表面の合金（メタル）にはアルミニウム（Al），銅（Cu）をベースとしビスマス（Bi），錫（Sn），銀（Ag）などを含む軟質合金が用いられる．これはクランク軸の硬い材料に対して，軸受メタル側を短時間でなじませる機能，摩耗粉や塵埃などの異物が軸受すきまに混入したとき，これを柔らかいメタル材に埋め込ませ，良好なすべり面を保持する機能（埋収性），さらに長期運転後の摩耗進行時にメタル側のみの交換ですませる機能，などをねらったものである．

　クランク軸受には，図7.10に示すように，軸を支持する主軸受（メインベアリング），連接棒（コンロッド）を支持するコンロッド軸受があり，いずれも半円筒形の鋼製裏金の内側に軸受合金が接合されている．部位に応じて給油溝・給油孔が設けられる．また，側面にはクランクワッシャと呼ばれるクランク軸の位置決めとスラスト荷重を支持する部材が設けられ，その表面にも軸受合金が接合され

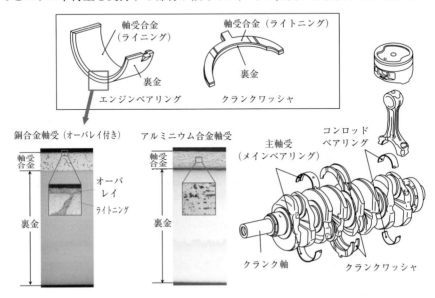

図7.10 クランク軸受の基本構造（大豊工業提供）[7]

る. 実用されている主な軸受合金の種類と特徴を以下に記す.

1) アルミニウム合金　　　Al をベースに Sn, Cu, Si, Zr などを含む合金. 高温強度確保のため Al と Zr, Cu との金属間化合物の析出を促進させたものもある. 今日では高速ガソリン機関の軸受合金の主流である.

2) 銅合金　　　Cu をベースに Sn, Ag, Bi などを含む合金. アルミニウム合金より荷重容量が大きく耐久性があるため, 高負荷機関, ディーゼル機関に多用されている. 熱伝導が良く, すべり面の冷却効果が大きい反面, なじみ性, 埋収性はアルミニウム合金にやや劣る. なじみ性確保のため, 通常オーバレイ (厚さ数マイクロメートルの軟質材コーティング) が付加される.

最近では, 初期なじみ性, 耐摩耗性をさらに向上させるため, ポリアミドイミド (PAI) などの樹脂に固体潤滑剤を分散させた材料を厚さ数マイクロメートルでメタル最表面にコートする (樹脂オーバレイ), 微細な円周方向溝 (マイクログルーブ) を設ける, などの技術が導入されている.

かつてはホワイトメタルなど, 鉛ベースの合金が軸受合金に多用されたが, 2000 年代より環境負荷軽減のため鉛の使用が規制され, 代替材料として Bi, Ag などが軟質性確保のために使用されている.

連接棒コンロッド小端部では青銅, 燐青銅が用いられ, 動弁系では部品材料と共通のアルミニウム合金を, そのまま軸受合金として用いることが多い.

b. クランク軸受に作用する荷重と軸心軌跡

クランク軸受には, 図 7.11 に示すように, 各気筒の燃焼圧, 運動部材の質量に起因する回転慣性力, 往復慣性力の合力が作用するため, 負荷荷重の大きさと方向が激しく変動する. これに伴い, この変動荷重と釣り合う油膜圧力が動的に発生するように軸心が移動する. 軸受の耐摩耗・耐焼付き性確保には, この軸心移動に伴う最小油膜厚さがある程度以上確保されるよう設計する必要がある.

c. ころがり軸受

ころがり軸受は, 転動体とレース内外輪間の接触面積が小さく高面圧となり, 衝撃荷重に弱く, また軸受外径が大きくなることから内燃機関の軸受には不向きであるが, 生産コスト・起動トルク低減の面から小型機関や補機に用いられることがある. また航空機用ガスタービンでは, 始動トルク低減, 潤滑油量の削減などをねらってころがり軸受が採用されている.

内燃機関に用いられるころがり軸受には, 深溝玉軸受, 円筒ころ軸受および外径を小さくできる針状ころ軸受があり, 目的によって使い分けられる. ころがり

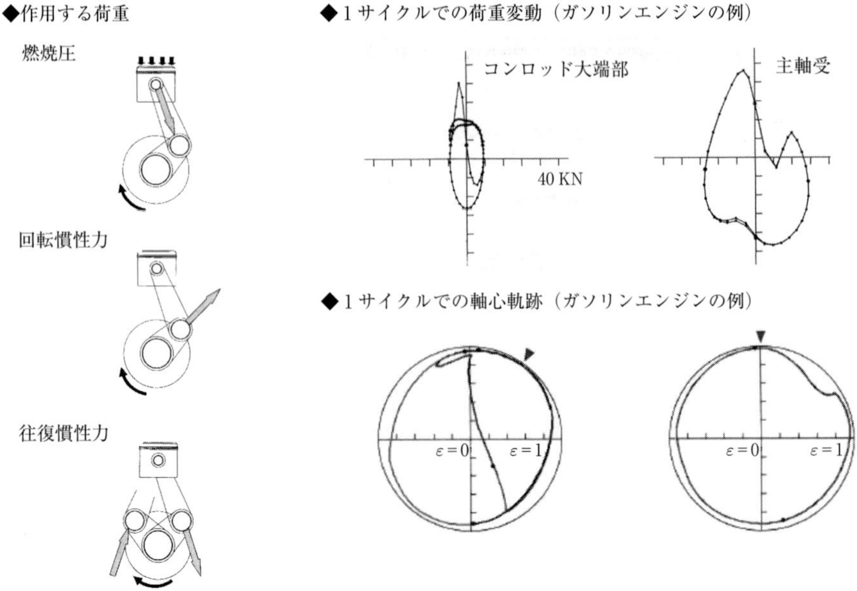

◆作用する荷重

燃焼圧

回転慣性力

往復慣性力

◆1サイクルでの荷重変動（ガソリンエンジンの例）

コンロッド大端部　　　　　　　主軸受

40 KN

◆1サイクルでの軸心軌跡（ガソリンエンジンの例）

$\varepsilon=0$　$\varepsilon=1$　　　　　　$\varepsilon=0$　$\varepsilon=1$

図7.11　クランク軸受に作用する荷重と軸心軌跡[7]

軸受の許容限界回転速度は軸受内径 d ［mm］ と回転速度 n ［rpm］ の積，dn 値で評価される．種類と潤滑法によって異なるが，許容 dn 値はおおよそ $10^5 \sim 10^6$ ［mm・rpm］である．

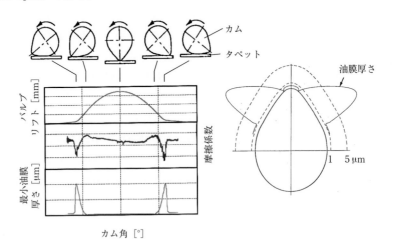

カム

タペット

油膜厚さ

バルブ リフト [mm]

最小油膜 厚さ [μm]

摩擦係数

カム角 ［°］

1 　5 μm

図7.12　カム・タペット間の摩擦

7.4.3 動 弁 系

　動弁系は，9.1.3 項に示すとおり多数の運動部品からなり，相互のすべり面位はエンジン油によって潤滑されている．近年では，摩擦損失低減のため，これらすべり面位が転がり接触となるようローラロッカアームなどが採用されている．動弁系の主要すべり面位であるカムとタペット間には，バルブリフトにより荷重とすべり速度の変動が生じ，これに伴い，図 7.12 に示すような油膜厚さと摩擦が発生することが知られている．

参 考 文 献

1) 木村好次：トライボロジー再論，pp.71-72，養賢堂，2013.
2) 潤滑油銘柄便覧編集委員会編：潤滑油銘柄便覧 2020，潤滑通信社，2019.
3) Yamamoto, M., *et al.*: Development of Engine Lubrication System with New Internal Gear Fully Variable Discharge Oil Pump. *SAE International Journal of Fuels and Lubricants*, **10**(3): 904-912, 2017.
4) 及川昌訓ほか：なじみによるピストンリングの摺動面形状（プロフィル）が摩擦損失に及ぼす影響．第 29 回内燃機関シンポジウム講演集，49, 2018.
5) Tabata, H. and Mihara, Y.: Improvement in accuracy of piston friction force. *Tribology Online*, **12**(3): 141-146, 2017.
6) 三田修三ほか：エンジン実働時のピストン摩擦解析—シリンダボアクロスハッチ角度がピストンリング摩擦に及ぼす影響—．自動車技術会論文集，**45**(5): 799-804, 2014.
7) 大豊工業編：Design Guide for Engine Bearings and Crank Washers 4th Edition, 2016. http://www.taihonet.co.jp/technical/download_designguide.html. 2020 年 2 月閲覧

8 内燃機関の性能と試験法

8.1 内燃機関の性能

内燃機関の性能, すなわち製品としての有用性を計る尺度には, 出力, 燃料消費率, 排出ガスの成分と濃度, 振動・騒音, 質量, 寸法, 耐久・信頼性, 価格などがある (図8.1). これらの間にはトレードオフの関係があるため, 内燃機関は車両の企画から求められる範囲内で, 各性能値がバランスするように開発・設計される. その過程において, これらの性能値を予測するためのさまざまなシミュレーションが活用されつつあるが, 開発の節目では各種試験が依然と

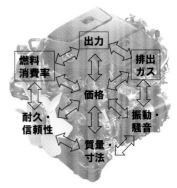

図8.1 内燃機関の性能

して不可欠である. 試験対象は, インジェクタやピストンなどの構成部品に始まり, 開発が進むに従い内燃機関などのユニット, 車両へと移っていく. 試験目的で見ると, 研究フェーズの基礎実験, モデル同定, 性能評価, 認証試験などに分類できる.

本章では, 最も基本的な出力性能に加え, 燃料消費率, および排出ガスの試験法について解説する.

8.1.1 出力性能

内燃機関の出力性能は, 各回転速度で定常的に発生される最も大きなトルクを結んだトルク曲線と, そのトルクと回転速度との積で得られる出力曲線で表される. ここで出力を P [kW], トルクを T [Nm], 回転速度を Ne [rpm] とすると, 出力は以下の式で算出される.

$$P = \frac{\pi}{30000} \cdot Ne \cdot T \tag{8.1}$$

また内燃機関の使用範囲における P, T の最大値を, それぞれ最大トルク, 最高

出力と呼び，その発生回転速度を合わせて表記するのが一般的である．図8.2に出力曲線の一例を示す．先述のとおり，車両企画からの要求値に応じて，所定の回転速度で最大トルク，最高出力をとるように吸排気系，動弁系，燃料噴射系などが最適化される．式(8.1)からわかるように，出力は

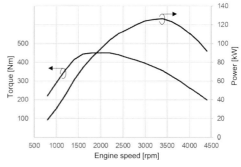

図8.2 出力性能曲線（2.8L 圧縮点火機関）

トルクが一定ならば回転速度に比例するが，回転速度が高くなると容積効率の低下と摩擦損失の増加などによりトルクが低下するため，出力は最高回転速度付近で最大値をとる．

トルク，回転速度は次節で説明するエンジンベンチで計測される．異なる大気条件で測定された出力性能を比較するために，計測結果を標準大気条件に修正する方法がとられる．標準的な試験法は JIS や TRIAS に定められている．

8.1.2 燃料消費率

燃料消費率は，内燃機関の効率を表す最も一般的な指標である．燃費計で計測される単位時間あたりの燃料消費量を FC [g/s]，出力を P [kW] とすると，燃料消費率 $BSFC$（Brake Specific Fuel Consumption）[g/kWh] は

$$BSFC = 3600 \cdot \frac{FC}{P} \tag{8.2}$$

で表される．これは内燃機関から単位仕事量を取り出すときに必要な燃料量を示していることから，値が小さいほど効率が良いことを意味する．ここで，燃料の低位発熱量を Hu [MJ/kg] とすれば，熱効率 η が次式で算出できる

$$\eta = \frac{P}{Hu \cdot FC} = \frac{3600}{Hu \cdot BSFC} \tag{8.3}$$

図8.3は，燃料消費率の計測結果の例である．各回転速度で，負荷

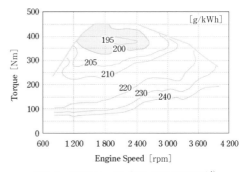

図8.3 *BSFC* マップ（2.8L 圧縮点火機関）[1]

を変えながらマップ状にデータをとり，結果を等高線で示したものである．このようにすることで，任意の車両走行時の動作点から車両の燃料消費量のシミュレーションが可能になる．最小燃費率を示す領域を等高線の形状から燃費の「目玉」と呼ぶ．低回転速度ほど摩擦損失が小さく，高負荷ほど図示熱効率が高いことから，グラフの左上に目玉がくることが多い．自動変速機や，ハイブリッドシステムにおいては，この目玉を高頻度に使用できるようにパワートレーン全体の最適化が図られる．

8.1.3　排出ガスの成分と濃度

　排出ガスの組成分析の主な目的は，有害物質の排出量が規制値を超えていないかを確認することであり，計測される主な成分は CO，NO_x，HC である．圧縮点火機関や筒内直接燃料噴射式の火花点火機関では，PM や粒子状物質の個数（Particulate Number：PN）も計測の対象となる．規制物質，規制値やその計測方法は，車両を登録する国や地域によって異なり，かつ年々変化しているため，内燃機関の企画・開発は各国法規とその最新動向を理解して進めねばならない．乗用車や比較的小さい商用車の型式認証試験においては，定められた速度パターン（モード）を，後述するシャシダイナモ上で走行したときの排出量を測定し，規制値と比較する．一例として，日本国内のモードと規制値を，それぞれ図 8.4 と表 8.1 に示す．

　一方，大型商用車用の内燃機関や，開発途上の内燃機関においては，エンジンベンチ上で排出ガス分

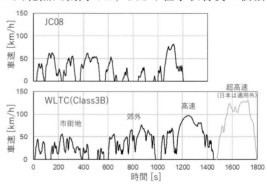

図 8.4　走行モード

JC08：日本国内にて型式認定を受けた，総重量 3.5 トン以下の
　　　乗用・貨物自動車に対して適用されていた燃費測定方法
　　　（2011.4〜2018.9）
WLTC：Worldwide-harmonized Light vehicles Test Cycle
　　　（2018.10〜）

表 8.1　排出ガス規制値（認証基準値）
（ガソリン・LPG 乗用車）[3]

新型車への適用時間		2011 年 4 月	2018 年 10 月
試験モード		JC08	WLTC
規制値 [g/km]	CO	1.15	1.15
	NMHC	0.05	0.10
	NO_x	0.05	0.05

NMHC：non-methane HC（非メタン炭化水素）

析が行われる．上述の燃料消費率とあわせてマップ状にデータをとり，車両での排出ガス量のシミュレーションに使用したり，後処理装置の上流および下流の成分分析結果から，その浄化性能を評価したりする．また，各成分の濃度から，空燃比や燃料消費量を算出することにも利用される．

8.2 試験に必要な設備と計測機器

8.2.1 エンジンベンチ

内燃機関の性能評価に用いられるエンジンベンチは，動力計，制御盤，操作盤，燃費計，油水温調装置，排出ガス分析計，ECU（Engine Control Unit）計測装置，燃焼圧計測装置などで構成される（図8.5）．

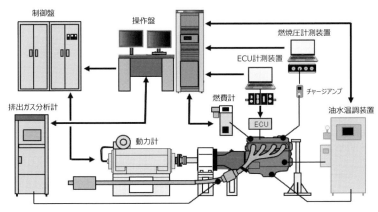

図8.5 エンジンベンチの構成図

a. 動力計

動力性能を測定する装置が動力計であり，現代では電気動力計（交流動力計・うず電流式動力計）が一般的に使用されている．動力計は制御盤（インバータ）を使い商用電源の電力周波数を変えてモータの回転速度を可変制御し，内燃機関に任意の負荷を与え内燃機関の回転速度とトルクを計測する．この任意の負荷設定は操作盤を使い制御盤に速度・トルク指令を与える．

b. ECU計測装置

内燃機関の状態制御は，ECU計測装置を使い燃料噴射量や点火進角などの制御パラメータで操作を行う．同時に，油水温調装置を使い内燃機関内の油水温を任意の温度条件で安定させ，フリクションや燃焼室内温度などの性能影響因子を整えて繰り返し再現性の高い性能計測を行う．

c. 燃焼圧計測装置

燃焼の過渡的な現象を捉え，燃焼室などの適正な諸元検討や異常燃焼の要因解析を行うため，内燃機関に燃焼圧センサを取り付け，燃焼圧計測を行う．燃焼圧から熱発生量を算出し未燃損失，冷却損失，排気損失，ポンプ損失，機械抵抗損失および有効仕事量を求めることができる．この損失をつかむことで低減対策の検討を進める．

d. 排出ガス分析装置

エンジンベンチでは，直接サンプリング方式によって触媒を通過した排出ガスを計測し排出ガス浄化性能評価などを行う．分析計は排出ガス流量や濃度変化に対する応答遅れがあるため，内燃機関を定常状態で運転し排出質量計測をすることが多い．排出ガスは一般的に吸入空気中成分と燃料が内燃機関内で燃焼した際に生成される燃焼生成物（$CO_2/H_2O/NO_x$），不完全燃焼物（CO/HCHO/PM），未燃燃料（THC），燃料およびエンジンオイル中不純物が生成物として存在し，これらを適正な検出器にて計測する（表8.2）．

表8.2 主な検出原理と測定成分[2]

測定方法	測定成分
非分散赤外吸収法（NDIR: Non-dispresive infrared detection）	CO, CO_2, NO, N_2O, HC
水素炎イオン化法（FID: Flame ionisation detection）	THC, CH_4, NMHC
化学発光法（CLD: Chemiluminescence detection）	NO, NO_2, $NO_x(NO+NO_2)$
ジルコニア法	O_2, NO_x, A/F
フーリエ変換赤外分光法（FTIR: Fourier transform infrared spectrometer）	N_2O, NH_3, CO, CO_2, NO, H_2O, NO_2, C_2H_5OH, CH_4…
中赤外レーザ分光法（QCL-IR: Quantum cascade infrared spectroscopy）	NO, NO_2, N_2O, NH_3
ガスクロマトグラフ法（GC: Gas chromatograph）	NMHC, アルコール, カルボニル化合物（HCHO など）

e. 燃費計

燃費性能を評価するための燃費計は重量式，容積式，コリオリ式などがあるが瞬時流量も計測可能な容積式燃費計が主流である．容積式燃費計は燃料の密度変化に影響を受けるため，燃料温度の管理が重要である．

近年では欧州での WLTP（Worldwide harmonized Light vehicle Test Procedure）規制などにて低温から高温（$-7℃\sim35℃$）および平地から高地（海抜 700 m〜1350 m）にわたって評価を求められる．このため実験室内温度および気圧を任意に設定可能な環境試験エンジンベンチも重要度が増している．

8.2.2 シャシダイナモ

シャシダイナモでは車両を使い仕向地ごとのモード走行による排出ガス量計測や燃費計測を行い各国の規制値を満足できているかなどの評価を行う.

シャシダイナモは主に動力計,制御盤,操作盤,ドライバーズエイド,分析計,CVS（Constant Volume Sampler）,ECU計測装置で構成される（図8.6）.動力計に取り付けたローラ上で車両が走行するが,このローラは欧州 / 北米の法規要件に適合した48インチローラが一般的で,実路走行の車両慣性力を再現する制御方式は電気慣性式が現代の主流である.その再現方法は実路とシャシダイナモ上で惰行時間が等しくなるように電気慣性力を調整する惰行法が世界標準になっている.

車両から排出される排出ガスはCVS法で計測を行う（図8.7）.この方法では

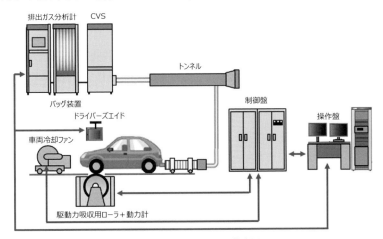

図8.6 シャシダイナモの構成図

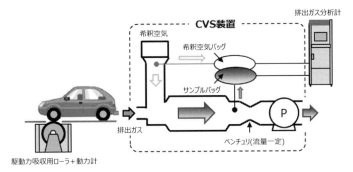

図8.7 CVSの構成図

排出ガス全量と希釈用の大気を装置に導入しこれらの総量が一定となるように制御する．希釈した排出ガスの一部を一定流量でバッグに採取し試験終了後にバッグ内濃度を分析する．排出ガス質量はこのバッグ濃度と希釈排出ガスの流量，サンプリング時間，対象成分のガス密度を用いて求める．CVS法は排出ガスを希釈するため，排出ガス中の水分凝縮を抑制し濃度変化や水溶性成分の溶解損失による計測誤差を抑えられることから各国の排出ガス認証試験に用いられている．

　世界的には低温や高地での排出ガス規制が強化されているという背景から，エンジンベンチ同様にシャシダイナモも低温および低圧を模擬できる環境試験対応設備が重要である．また，ハイブリッド車など静粛性が商品価値として求められる車両を評価するための無響シャシダイナモも必要性が増加している．

$\boxed{8.3}$　今 後 の 試 験 法

　燃料噴射の電子制御化，可変バルブタイミング機構，EGR，過給機など，内燃機関のシステムは複雑化しており，その性能を発揮する最適な制御パラメータを，経験に基づいて決めることは非効率になってきた．そこで，より効率的に試験を進めるため，試験設備のオートメーション化により，実験計画法に基づく条件設定や，計測処理，最適値探索の自動化などが進められてきた．

　さらに，近年では企画段階での諸元精度向上によるやり直し防止，試作数を減らした開発コスト低減および開発期間短縮を目的に，各開発フェーズでシミュレーションを活用したMBD（Model Based Development）への取り組みが重要となっている．図8.8に車両開発全体のプロセスを示す．各プロセスに沿ってリア

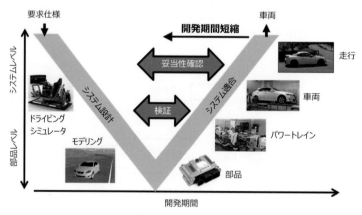

図8.8　開発プロセス

ルとバーチャルを自在に組み合わせた評価ツールを使い，シミュレーションと検
証サイクルを回しながら各開発をつなげた効率的な車両開発が求められている．
将来は，フルシミュレーションによる試作レスでの車両開発の実現が期待され，
物理モデルの構築とあわせてドライビングシミュレータを用いた官能評価も検討
されている．

参 考 文 献

1）新型 2.8L 直列 4 気筒ディーゼルエンジン（ESTEC）の開発．自動車技術，**70**（9）: 75，2016.
2）堀場製作所編：エンジンエミッション計測ハンドブック，2013.
3）国交省 HP　http://www.mlit.go.jp/common/001191370.pdf

⑨ 火花点火機関

9.1 機関の基本構造

　自動車用内燃機関の主要構造部品は，主に燃焼室を形成するシリンダヘッドとシリンダブロックおよびクランクケース，ピストン・クランク系，動弁機構および補機類から構成されている．図 9.1 は水冷直列 4 気筒自動車用火花点火機関の組立断面図の一例で，全体の構造および主要部品をみることができる．

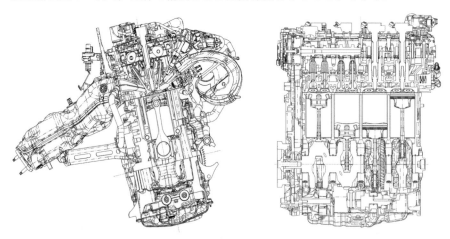

図 9.1　自動車用内燃機関の組立断面図（トヨタ A25A-FKS 型，トヨタ自動車提供）

9.1.1　シリンダブロック

　シリンダブロックはシリンダヘッドとあわせて燃焼室を構成するとともに，機関本体の基礎をなす部分であるから，機械的，熱的に耐える剛性と強度が必要となる．シリンダ内壁は十分な耐摩耗性，耐腐食性が要求され，冷却にも配慮が必要である．その軽量化のため，アルミニウム合金製で鋳鉄製ライナを鋳包んだものが一般的である．また，熱伝達性を向上させるため，図 9.2 のように鋳造時に細かな突起を外周に施すことを可能としたライナも広く使用されるようになった．最近では，さらなる軽量化，冷却性向上のため，鋳鉄ライナレスとし内周に鉄溶

図 9.2 シリンダブロック（TPR 提供）

射されたシリンダブロックも一部で採用されている.

9.1.2 燃 焼 室

燃焼室形状は，機関の性能を左右する重要な要素であり，目標性能，用途に応じて基本的に図 9.3(a)〜(e)のような 5 種類の形状が採用されている．燃焼室形状を決定する要因を大別すると以下のようになる.

①軸出力，軸トルクの向上を目的とした，容積効率の向上，乱れを含むガス流動効果による火炎伝播速度の向上，高圧縮比の採用

②燃料消費率の低減をめざした高圧縮比，火炎伝播速度の向上，燃焼室表面積（S）と燃焼室容積（V）の比（S/V）の低減

③ノッキングの抑制を考慮した適正圧縮比，火炎伝播距離の低減，火炎伝播速度の向上，異常高温部生成の抑制

④排気浄化を考慮した適正燃焼速度，消炎領域の低減

⑤小型軽量化および製作コストの低減

上記の 5 つの要因の中には同じ理論的あるいは技術的対策で達成される項目もあるが，まさに背反する項目もあり，すべてを同時に満足することは不可能である.

（a）のウェッジ形（くさび形）は，吸排気ポートが片側に配置されており，機関の小型化には有利である．また，大きなスキッシュエリアを設けて強い乱れを生成し燃焼速度を向上するように配慮されている．吸排気が対向流（カウンターフロー）になるため，容積効率の向上が難しく 1970 年代の火花点火機関に多く用いられたが，その後動弁系の 4 バルブ化とともに，乗用車用内燃機関ではほとんど姿を消した.

（b）の半球形は，球殻の一部に吸排気弁を設け吸排気ポートが燃焼室両側に振り分けられている．一般に 2 バルブ式内燃機関に用いられる．かつては燃焼室の

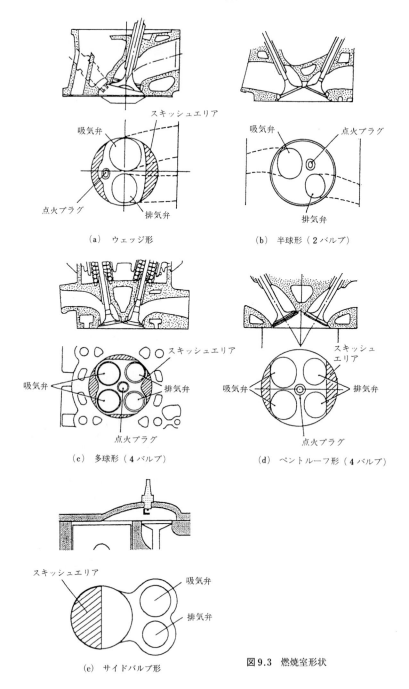

（a）　ウェッジ形

（b）　半球形（2バルブ）

（c）　多球形（4バルブ）

（d）　ペントルーフ形（4バルブ）

（e）　サイドバルブ形

図9.3　燃焼室形状

表面積が小さくできるとされ，冷却損失が小さくなるとして盛んに採用された．しかし，4バルブ化が進展した現在では後述するペントルーフ形が主流になっている．

　(c) の多球形は半球形の変形で，吸排気弁と点火プラグまわりが個別の球面となっており，体積効率向上をめざした弁数の増大に対応したものである．半球形と比べて高出力が望めるが，表面積が大きくなり冷却損失が増加するため用いられなくなった．

　(d) のペントルーフ形は燃焼室天井が切妻型の屋根（ペントルーフ）状になっており，バルブを配置できる平面部分を広く設定できることから，4バルブ式内燃機関では多く用いられている．

　(e) のサイドバルブ形は火花点火機関の発展期のなごりで，一部の汎用内燃機関で使われてきたが，排出ガス規制の影響で先進国では姿を消していった．しかし，開発途上国ではガソリンの代わりにケロシンを使うサイドバルブ式汎用内燃機関が依然として多く使われている．

　以上，基本的な燃焼室形状の概略を述べたが，実機の形状には吸排気ポート形状，流路制御，弁数などを含めて種々の工夫が取り入れられている．

9.1.3　動 弁 系

a. 動弁機構の特性

クランクシャフトの回転に同期して吸・排気弁を開閉させるための機構を動弁機構と呼ぶ．その形式はカム軸の位置および本数，カムフォロアの形式で図9.4のように分類される．オーバヘッドバルブ（OHV）はクランクケースにカムシャフトを置き，プッシュロッドでロッカアームを介して弁を駆動する．タペットとプッシュロッドの慣性質量が大きいために高速機関には適さず，最近の自動車用

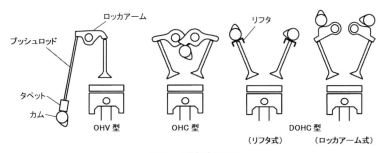

図9.4　動弁系の分類

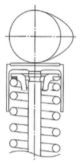

図9.5 弁駆動方式（リフタ式）[1]

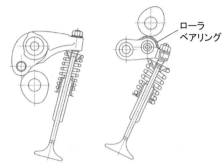

ローラ
ベアリング

図9.6 弁駆動方式（ロッカアーム式）[1]

内燃機関への採用はまれである．カム軸がシリンダ頭部にあるものをオーバヘッドカム（OHC）と呼び，さらに吸気弁と排気弁用にそれぞれ独立したカム軸をもつものをダブルオーバヘッドカム（DOHC）と呼んでいる．また，吸・排気弁の駆動方法としてリフタ式（図9.5）とロッカアーム式（図9.6）がある．リフタ式の長所は，ロッカアーム式と比較してカムシャフトから弁までの剛性を高く保てるため，動弁系の運動性に優れていることである．ロッカアーム式は，バルブリフト量を大きくとりやすい特徴があり，最近は，図9.6の右図に示すように摩擦抵抗低減のためにローラベアリングを使用するものが主流である．

b. 可変動弁機構

近年の自動車用内燃機関では，異なる性能特性を両立するためにほとんどの内

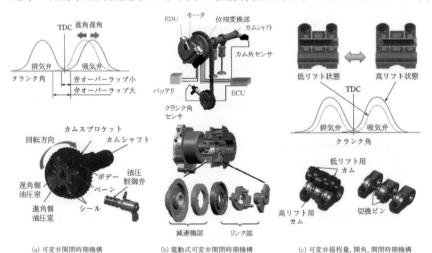

(a) 可変弁開閉時期機構　　　(b) 電動式可変弁開閉時期機構　　　(c) 可変弁揚程量，閉角，開閉時期機構

図9.7 可変動弁機構[1]

燃機関が可変動弁機構を採用している．最も多く採用されている可変機構は，図9.7(a)に示すカムの位相を可変する方式である．油圧を用いて可変する方式が主流だが，近年，応答性に優れた電動方式（図(b)）も増加している．

また，ロッカアームに可変機構を内蔵し，複数のバルブリフト曲線を使い分ける機構（図(c)）がある．さらに図9.8に示すようにバルブリフトと作動角を連続的に可変する機構もある．

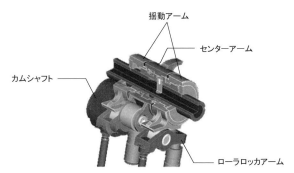

図9.8 リフト・作動角連続可変動弁系（トヨタ自動車提供）

9.1.4 ピストン・クランク系

ピストン・クランク機構は，燃焼によって得られたエネルギーの一部を回転運動として取り出す役目を担う．ピストンは燃焼圧を受ける冠面，ピストンリングを装着するランド部，側圧力を受けもつスカート部，ピストンピンを支持するピンボス部から構成される（図9.9）．材質は，高温強度に配慮したアルミニウム合金が一般的だが，圧縮点火機関の一部では鋼や鋳鉄も用いられる．スカート表面には，耐焼付き性向上，摩擦低減のため，固体潤滑膜が施されることが多い．

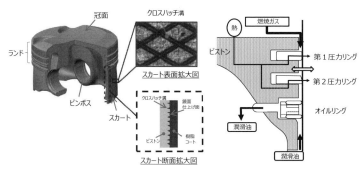

図9.9 ピストン（トヨタ自動車提供）

　ピストンリングは，ガスシール，潤滑，熱伝達機能をもち，通常2本の圧力リングとオイルリングで構成される．材質は，鋼または鋳鉄である．摺動面には，耐摩耗性向上，摩擦低減のため，PVD（Physical Vaper Deposition）法による窒化クロム被膜や，DLC（Diamond Like Carbon）被膜が適用されてきている．

　コネクティングロッドは，ピストンピンとクランクシャフトをつなぐ部品で，図9.10のような形状，特殊鋼の鍛造品が一般的である．鋼の高強度化により軽量化が図られている．

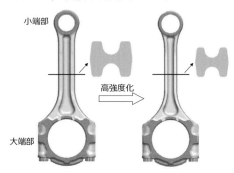

小端部

高強度化

大端部

図9.10 コネクティングロッド（愛知製鋼提供）

　図9.11に示すクランクシャフトは，その回転運動で動力を車両に伝える部品であり，大きな変動荷重を受けるため，曲げ，ねじり剛性に対する配慮が重要となる．特殊鋼の鍛造品などが使われ，耐摩耗性，耐焼付き性を確保するため，摺動部に高周波焼き入れなどの熱処理が施される．

　コネクティングロッド間，シリンダブロック間の摺動部には，それぞれコンロッドベアリング，メインベアリングと呼ばれるすべり軸受が用いられる．火花点火機関の場合，ライニングにアルミニウム合金，裏金に鋼を用いたバイメタルが

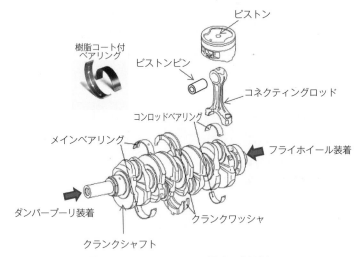

ピストン

樹脂コート付ベアリング

ピストンピン

コネクティングロッド

コンロッドベアリング

メインベアリング

フライホイール装着

ダンパープーリ装着

クランクワッシャ

クランクシャフト

図9.11 クランクシャフト（大豊工業提供）

一般的である．最近ではアイドリングストップ頻度増加に伴う摩耗課題に対して，摺動面に固体潤滑膜が施されるようになってきた．

　クランクシャフト軸方向の位置決めと軸方向の力を支えるため，アルミニウム合金製のクランクワッシャ（またはスラストワッシャ）が使われる．

　また，クランクシャフト後端には回転変動抑制のためフライホイールが，前端にはねじり振動抑制のためダンパープーリが装着される．

9.1.5 吸排気部品

a. 吸気マニホールド

　吸気マニホールドの主な機能は，吸入空気または燃料混合気およびブローバイガスや EGR ガスを各気筒に均等に分配すること，また，シリンダに吸入される空気量を極力増大（容積効率の向上）させて出力を向上させることである．その具体例を図 9.12 に示す．

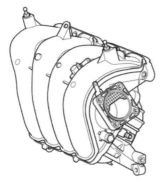

図 9.12　直列 4 気筒火花点火内燃機関用吸気マニホールド（トヨタ自動車提供）

図 9.13　直列 4 気筒火花点火内燃機関用触媒一体排気マニホールド（トヨタ自動車提供）

　容積効率を増加させるための動的効果には，慣性効果，脈動効果，共鳴効果がある．慣性効果は，吸気管の形状によって，効果が得られる運転領域が異なる．低回転域では長くて断面積が小さい吸気管が要求され，高回転域では短くて断面積が大きい吸気管が要求されるため，これらを可変できるようにした可変吸気系もある．

b. 排気マニホールド

　排気マニホールドは，多気筒内燃機関の各気筒から排出されるガスを下流の排気管に導く部品である．具体的な例を図 9.13 に示す．その形状は，内燃機関の出

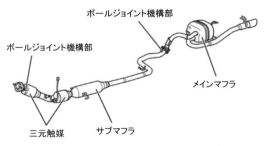

図 9.14　排気管概観（トヨタ自動車提供）

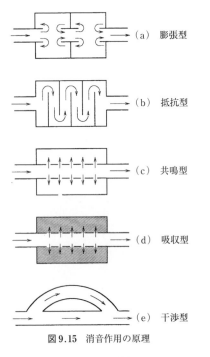

　　　　　　　　（a）　膨張型

　　　　　　　　（b）　抵抗型

　　　　　　　　（c）　共鳴型

　　　　　　　　（d）　吸収型

　　　　　　　　（e）　干渉型

図 9.15　消音作用の原理　　　　　　　図 9.16　マフラの構造（株式会社三五提供）

力や排出ガス性能に影響を及ぼす．

c.　排気管

　排気管の概観を図 9.14 に示す．排気は，排気マニホールドから触媒や複数の消音器を通り車両後方に排出される．

d.　消音器（マフラ）

　消音器には，膨張型（a），抵抗型（b），共鳴型（c），吸収型（d），干渉型（e）などの種類があり（図 9.15），それぞれの要素の容量や配置および組み合せによ

り，目的とする消音効果を得ることができる．

　一般には，図 9.16 に示すように，上記の要素をマフラに組み込み，内燃機関から間欠的に発生する低周波の排気脈動音と高速の排出ガス流によって発生する高周波の気流音の両方をバランス良く消音している．

9.2 混合気形成

　4.3 節で示したように，筒内の混合気は燃料タンク内の燃料を燃料ポンプにより加圧し，インジェクタによって供給することで形成される．その手法は吸気管噴射方式と筒内直接噴射方式に大別される．

9.2.1 吸気管噴射方式

　一般的な吸気管噴射方式の燃料噴射システムを図 9.17 に示す．燃料ポンプにより燃料タンクから圧送された燃料は，燃料フィルタでろ過された後にプレッシャレギュレータにて 250〜500 kPa 程度の所定の圧力に調圧され，デリバリパイプを介して各インジェクタに分配される．一般的なインジェクタの構造を図 9.18 に示す．コイルに電流を流すことで発生した磁力によりコアが吸引され，コアと一体になったニードルバルブが開弁する．インジェクタ先端のプレートに複数の噴孔を設けた多孔式が主流であり，約 50〜80 μm の噴霧粒径を実現している．吸気管噴射方式においては，主に吸気弁が開弁する前に噴射し，燃料を蒸発させ筒内へ

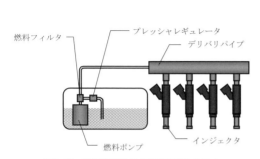

図 9.17　吸気管噴射方式燃料噴射システム

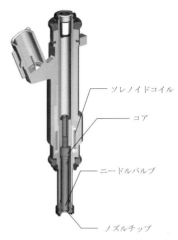

図 9.18　吸気管噴射方式インジェクタ
（デンソー提供）

と導く．この際，吸気管の壁温が低いと，壁面に付着した燃料は蒸発せずに液体のまま筒内へと導かれ，筒内壁面への付着量が増加する．筒内壁面に付着した燃料は，完全燃焼せずに HC や PM の原因となる．この吸気管壁面への燃料付着量を低減するには，噴霧の微粒化を促進し吸気管内での蒸発性を向上することが有効である．1 気筒あたり 1 本のインジェクタが装着されることが一般的だが，2 本のインジェクタを装着することで 1 本あたりの噴射流量を低下させ，噴孔径を縮小し微粒化を促進するとともに，吸気弁が開弁中に噴射することで筒内温度を低下させ，ノッキングの抑制を狙うものもある．

9.2.2　筒内直接噴射方式

筒内直接噴射方式の一般的な燃料噴射システムを図 9.19 に示す．低圧燃料ポンプにより加圧供給された燃料は高圧燃料ポンプで所定の圧力まで昇圧され，デリバリパイプを介してインジェクタへと分配される．低圧燃料ポンプの吐出圧力は 400〜600 kPa と吸気管噴射方式に対して高めである．これは高圧ポンプ内で発生する燃料蒸気により吐出流量不足やプランジャの焼付きが発生することを防ぐためである．内燃機関が高温時の機関始動のような場合，高圧ポンプが高温となり低圧燃料吸引時に蒸気が発生しやすくなるのが原因である．蒸気の発生しやすい条件で低圧燃料ポンプの圧力を高くする可変式のものも存在する．

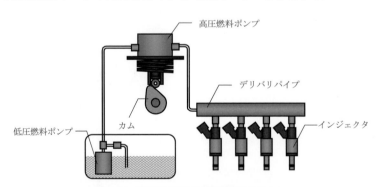

図 9.19　筒内直接噴射方式燃料噴射システム

一般的な高圧燃料ポンプを図 9.20 に示す．高圧燃料ポンプは，加圧室に導入された低圧燃料を，カムシャフトによりプランジャを駆動することで圧縮加圧し，機関運転状態にあわせて 4〜45 MPa 程度の所定の圧力まで昇圧している．一般的な筒内直接噴射用インジェクタを図 9.21 に示す．作動原理は吸気管噴射方式のイ

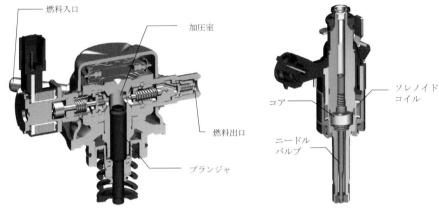

図9.20　高圧燃料ポンプ（デンソー提供）　　**図9.21**　筒内直接噴射方式インジェクタ
　　　　　　　　　　　　　　　　　　　　　　　　　　　　（デンソー提供）

ンジェクタとほぼ同じであるが，より緻密な制御を可能とするためにニードルバルブの応答性が高くなっている．吸気管噴射方式と同様に，先端部に複数の噴孔をもつ多孔式が一般的である．

　筒内直接噴射方式では吸気弁の開弁後に筒内に燃料を噴射するため，吸気管噴射方式に対して短期間で燃料を蒸発させる必要がある．また，筒内壁面に燃料が付着するとPMやHCの原因となる．そのため，蒸発性を向上し壁面への燃料付着を抑制するために，微粒化性能の向上が重要となる．図9.22に噴射圧力と微粒化性能の関係を示す．噴射圧力の上昇は微粒化性能を向上させるだけでなく，単位時間あたりの噴射量を増加させる効果ももつ．これにより高回転・高負荷運転時の要求噴射量を満足するだけでなく，噴射を分割することで噴霧の貫徹力を減少させ，筒内壁面への燃料付着量の低減が可能となる．これらの理由により，排出ガス規制の強化とともに，噴射圧力は年々上昇している．

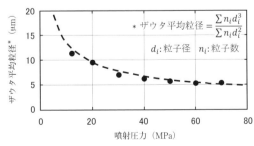

図9.22　噴射圧力と噴霧粒径の関係（トヨタ自動車提供）

　筒内直接噴射方式は，吸気管噴射方式のように筒内で均質混合気を形成し燃焼させる均質燃焼に加え，噴射時期を制御することで成層混合気を形成し燃焼させる成層燃焼を実施することが可能である．筒内の平均当量比に対して点火プラグ周辺に当量比の高い混合気を形成し，着火性を向上させることで機関始動後の触媒急速暖機運転時や希薄燃焼時の燃焼安定性向上などに活用されている．

　混合気形成のコンセプトは，ウォールガイド，エアガイド，スプレーガイド（図9.23）の3種に大別される．ウォールガイドでは，燃料噴霧をピストン冠面のキャビティに向かって噴射し，ピストンキャビティ形状をガイドとして点火プラグに導く．この方式ではピストンへの燃料付着量が増加し，PMの発生が課題となる．エアガイドは燃料噴霧を筒内流動により点火プラグ周辺に導くことで成層混合気を形成する．この方式は，ピストンで直接燃料を導くウォールガイドと比較して燃料が拡散しやすく，点火プラグ周辺の当量比が低くなることが課題である．ウォールガイド，エアガイドは，主にインジェクタを吸気弁側に搭載するサイド噴射の構成で採用されることが多い．スプレーガイドは，ピストンキャビティや筒内流動によらず燃料噴霧を直接点火プラグ周辺に導くことで成層混合気を形成するため，インジェクタと点火プラグを燃焼室中央に近接に配置したセンター噴射の構成を採用し，点火時期と近接した噴射時期に微少量の燃料を噴射することが一般的である．

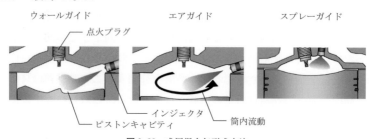

図9.23 成層混合気形成方法

9.3 点 火 装 置

9.3.1 電流遮断式点火装置

　点火装置は高電圧を発生して後述の点火プラグの電極間に火花を生成し，混合気に点火する重要な補機である．現在採用されている点火装置には，電流遮断式，容量放電式およびマグネット式があるが，電流遮断式が最も広く用いられている．電流遮断式点火装置の概略を図9.24，図9.25に示すが，その構成から，点火コ

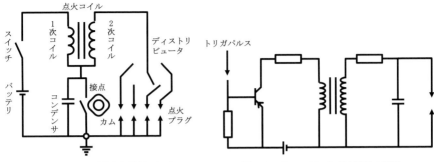

図9.24 電流遮断式点火装置の概略   図9.25 トランジスタ点火装置の概略

イル式あるいはバッテリ式とも呼ばれる．動作機構は点火コイルの1次側にバッテリから数アンペア程度の電流を流し，接点を急激に開いて2次側に高電圧を誘起し，点火プラグの電極間に火花を発生させるものである．点火コイルの巻き数比は1：100程度のものが多い．接点と並列に配置されたコンデンサは，比較的大きな1次電流を遮断するときに接点間にアークが発生して，接点材が損傷することを防ぐために設けられているが，その容量が大きすぎると電流遮断速度 $\Delta i_1 / \Delta t$ が減少し，2次側の発生電圧が低下するので，適当な値を選ばなければならない．また，比較的大電流を開閉する接点は，消耗および腐食などで動作不良を招きやすい．そこで最近では，機械的な接点をトランジスタのスイッチング作用に置き換えた図9.25のトランジスタ点火装置が多用されている．現在の乗用車用火花点火内燃機関では，点火時期を決めるトリガ信号は，クランク回転角を電磁気的もしくは光学的に検出し，各種の情報をコンピュータで処理して送られることが多い．この方式を無接点式点火装置といい，動作の信頼性および機関制御の点で有利である．

図9.26は電流遮断式点火装置の等価回路で，2次側の容量 C_2 は2次コイルおよび高圧導線などに分布している浮遊容量で，特に部品があるわけではないが火花放電では重要な役割をもつ．

この回路で接点CBを閉じると1次電流 i_1 は近似的に次式で表される．

$$i_1 = \frac{E}{R_1}(1 - e^{-R_1 t / L_1}) \tag{9.1}$$

ここで，E は電源電圧，R_1 は1次回路の等価抵抗，L_1 は1次コイルのインダクタンスである．機関の回転速度が高くなって通電時間 t が短くなると，遮断時の1次電流は飽和状態に達せず減少し，次式で与えられる理論上の火花エネルギー

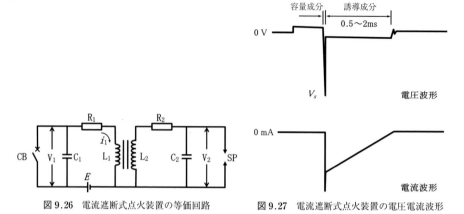

図 9.26 電流遮断式点火装置の等価回路   図 9.27 電流遮断式点火装置の電圧電流波形

E_{th} が低下する.

$$E_{th} = \frac{1}{2} L_1 i_1^2 \tag{9.2}$$

　火花放電時における2次回路の電圧電流波形は図9.27のような経過をたどるが，まず2次電圧が火花電極間の絶縁破壊電圧 V_s に達すると浮遊容量 C_2 に充電された静電的エネルギーが放出され，2次電圧は急激に低下する．V_s は雰囲気条件によるがおおむね 10～40 kV で，その持続時間は非常に短く，通常 1 μs 以下である．引き続いて1次コイル中の電磁的エネルギーが放出されるが，電圧は数キロボルト以下と低く，持続時間は 0.5～2 ms である．前者は容量成分，後者は誘導成分と呼ばれ，電流遮断式点火装置で得られる火花は，これらが複合された合成火花である．全火花エネルギーは 30～100 mJ で，これに占める容量成分の比率は通常 10% 程度であるが，混合気の点火開始に必要な高温を与え，活性種の生成に重要な役割を担う．誘導成分は残りの 90% を占めるが，容量成分で生成された火炎核の保温作用を受け持つといわれており，火炎核が自己伝播可能な火炎に成長することを支援する．そのため近年のエンジンで採用されている EGR 燃焼では，火花エネルギーを高めることで燃焼安定化を促進することが行われている．

9.3.2　容量放電式点火装置

　これは一般に CDI（Capacitor Discharge Ignition）方式と呼ばれ，図9.28(a)のコンデンサ容量 C に充電された電荷を，サイリスタ Th のゲートにトリガ信号を与えて導通されることによって放電し，1次コイルに急激な電流変化を生じさ

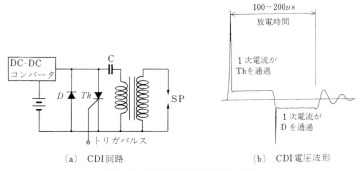

図 9.28　容量放電式点火装置の概略

せて 2 次側に高圧電流を発生させるものである．コンデンサに与えられる 1 次電圧 v_1 は，バッテリ電圧を DC-DC コンバータで昇圧し，数百ボルトとなっている．サイリスタと並列のダイオード D は，1 次側の振動電流を通過させ，エネルギーの有効利用を図るために設けてある．理論的な放電エネルギー E_{th} は次式で表される．

$$E_{th} = \frac{1}{2} C v_1^2 \tag{9.3}$$

放電電圧は図 9.28(b)のように変化するが，電流遮断式と比較して放電の継続時間ははるかに短い．したがってコンデンサの充電時間を比較的長くとれるので，適当な容量を設定すれば，高速運転時でも 2 次電圧の低下が抑制される．また，2 次電圧の立ち上がりが急峻なため，点火プラグが汚損して絶縁抵抗が低下した場合でも火花を発生できる利点があるので，オートバイ用 2 サイクル機関などに採用されているが，放電時間が短いので，EGR 燃焼や希薄燃焼が指向されている自動車用機関にはあまり向かない．

9.3.3　マグネト式点火装置

この点火装置は，磁石式交流発電機を電源とし，発電機コイルに 2 次コイルを加えて点火コイルを構成し，電流遮断式と同様の原理で 2 次側に高圧電流を発生させる高圧マグネト式と単にバッテリを磁石式発電機に置き換えた低圧マグネト式がある．機構が簡単で，バッテリを必要としないので，小型のオートバイ用機関や汎用機関に多く用いられている．最近では，動作の信頼性や機関整備の簡素化に対応して，前述のトランジスタ式あるいは CDI 式を組み合わせたマグネト点

火装置が広く用いられている.

9.3.4 点火プラグ

通常の点火プラグは図9.29のように,
中心電極と接地電極および両者を隔てるセ
ラミックスの絶縁体で構成されている. 両
電極は火花放電および高温ガスによる腐食,
消耗を防ぐため, クロム (Cr), マンガン
(Mn), Si などを添加したニッケル系耐熱
合金が一般に用いられているが, 最近では
後述するように着火性向上のための電極小
径化と消耗抑制を両立させるために白金や
イリジウムなどの貴金属の合金も用いられ
ている.

火花放電電圧 (絶縁破壊電圧) V_s は, 次
式のパッシェンの法則で表される.

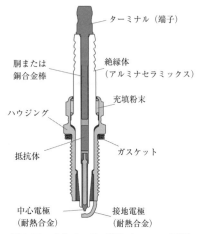

図9.29 点火プラグの構造 (デンソー提供)

$$V_s = f(pl) \tag{9.4}$$

これは雰囲気圧力 p と火花間隙 l の積の関数であることを示しており, 大気圧以
上の高圧放電では, pl の増大に伴って V_s が高くなる. また雰囲気ガスの組成に
よって変化し, 電極温度, ガス温度, 電極形状などの影響も大きい.

図9.30に同一点火エネルギーでのプロパン/空気予混合気の火花点火挙動を示
す. 通常の点火プラグに対して電極の形状と材質を変えた場合は火炎核の成長が
明らかに異なることが定性的にわかる. 火花点火の成否を決定する要因は複雑で,
いまだその詳細は明らかにされていないが, 火花およびこれによって生成された
火炎核から電極への熱損失が大きく影響することが知られている. 通常のプラグ
では火炎核の成長が途中で止まり, やがて消炎する条件でも, 電極の材質や形状
を変えることにより正常に成長を続けることができる. 混合気濃度と点火確率の
関係を調べると図9.31のように, その違いが明らかである. 細い電極の場合, 一
般の材料では耐久性が不足するため, 白金 (Pt), パラジウム (Pd), イリジウム
(Ir), 金 (Au) あるいはこれらの合金を用いる. これらの電極材料を用いると,
耐久性が著しく向上するため, 機関整備の面でも有利となる. このように, 放電
電圧の低減や点火確率の向上を目指して, 中心電極もしくは接地電極形状に種々

(a) 通常の点火プラグ

(b) 白金電極の点火プラグ（中心電極が通常の点火プラグに比べて細い）

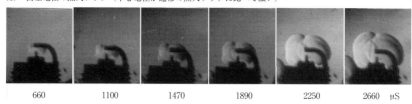

660 1100 1470 1890 2250 2660 μS

図 9.30 火炎核形成と成長（文献[2]に加筆）

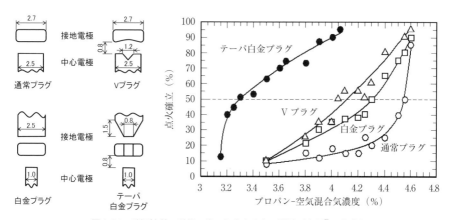

図 9.31 電極材質，形状の違いと点火確率の関係（文献[2]に加筆）

の工夫を凝らした点火プラグが生産されている.

　最近では，レース用エンジンの熱効率向上のために希薄燃焼が使用されており，点火確率を向上させる手段として電極の周囲が微細孔を有する金属壁で覆われたプレチャンバ（副室）一体式点火プラグも採用されている. 火花電極の温度は，機関の運転に大きな影響を及ぼす. 温度が高すぎると熱面点火による異常燃焼を招き，また，低すぎると燃料や潤滑油の分解生成物が絶縁体の表面に堆積し，絶縁抵抗が低下して火花の発生が妨げられる. 一般に中心電極の先端温度は500〜800℃程度が適当とされている. 電極温度は燃焼ガスからの受熱面積，電極およ

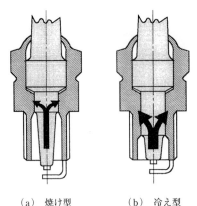

(a) 焼け型   (b) 冷え型

図 9.32 点火プラグの熱価

び絶縁体の熱伝導率, 熱流経路の影響を受けるが, 図 9.32(a)のように受熱面積が大きく, 絶縁体の熱流路断面積が小さく, また経路の長い場合は高温となり, 図(b)の場合は逆の理由で低温となる. このような点火プラグの熱的特性は熱価で表され, 前者を低熱価 (焼け型), 後者を高熱価 (冷え型) 点火プラグという. 機関の種類や運転条件に適合できるよう, 種々の熱価をもつ点火プラグが供給されている.

9.4 排出ガスの低減対策

自動車用火花点火機関の排出ガスには大気汚染物質として, CO, HC, NO_x, PM などが挙げられ, 規制の対象となっている. CO, NO_x, PM は, 人体に直接的な害をもたらし, HC, NO_x は, 大気中で日光の照射によりオゾンなどの光化学オキシダントが生成され光化学スモッグの原因となる.

機関により燃料が燃焼すると, 温室効果ガス (Green House Gas：GHG) である CO_2 が生成される. CO_2 の排出量低減は, 内燃機関に限らずあらゆる産業分野において取り組むべき課題となっている.

自動車排出ガス規制は 1960 年代にカリフォルニア州で始まり, 世界各国で段階的に規制値が強化されている. 厳しい規制値への対応には, 三元触媒に代表される後処理技術の向上によるところが大きいが, 触媒が十分に機能しない冷間始動直後や, 後処理への負担を軽減するためにも, 機関からの排出量を抑制する燃焼が重要となる. また三元触媒を高浄化率に維持するのに適した条件で機関を運転することにより, 燃焼と後処理のトータルで排出量低減を図っている.

9.4.1 燃焼時の対策

CO_2 は後処理によって低減することができないため, 機関からの排出量を抑制する必要がある. CO_2 の低減は燃料消費量の低減そのものであり, 高圧縮比化, 希薄燃焼, シリンダ内のスワールやタンブルによる燃焼促進, ノック抑制, 各種損失を低減する技術などにより熱効率を向上させて燃料消費量低減を図っている.

　CO は混合気中の酸素が不足している場合に，燃料である HC の十分な酸化反応が得られず生成量が増大する．理論空燃比または希薄燃焼では機関での生成量が低減し，後処理技術と合わせることで大気中への排出を低減できる．

　HC は未燃混合気あるいは燃焼中間生成物であり，機関からの排出のほかに燃料タンクでの蒸発によるものがある．機関からの排出原因としては，過濃混合気による酸素不足，火炎が燃焼室壁面で冷却され消炎に至るクエンチング現象，燃焼速度不足により排気バルブ開弁までに燃焼完了しない，吸排気バルブのオーバーラップ時の吹き抜け，ピストンクレビス（図 9.33）内に火炎伝播できない，ミスファイヤによる未燃混合気の排出が挙げられる．図 9.34 のように理論空燃比や希薄混合気では排出 HC が低減するが，さらに希薄になると燃焼速度が低下し燃焼不安定になり HC が増加する．

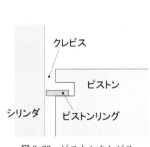

図 9.33　ピストンクレビス

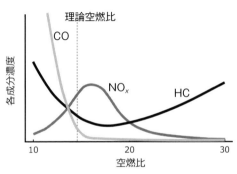

図 9.34　排ガス特性

　HC 排出を低減するには，噴霧の微粒化などによる燃料付着低減，混合気形成改善，シリンダ内ガス流動や乱れの促進，ピストンクレビスの縮小が挙げられる．点火時期を遅角すると燃焼行程後半から排気行程での後燃えが促進し HC 低減するため，後処理の浄化率が低い冷間始動直後には点火時期を遅角することが有効になる．

　燃焼室の HC はそのまま排気バルブから排出されるものと，シリンダとピストンの隙間を通ってクランクケースに漏洩するブローバイガスとともに排出されるものがある．燃料タンクからの燃料蒸気とブローバイガスは，吸気系に導き，新たな混合気とともに燃焼させる（図 9.35）．

　NO_x は燃焼時に生成される NO と，その後酸化されてできる NO_2 の総称である．燃焼温度が高温になるほど NO_x の排出量は増加する．理論空燃比よりもやや希薄側で最も多く排出し，さらに希薄側になると燃焼温度が低下するため，NO_x

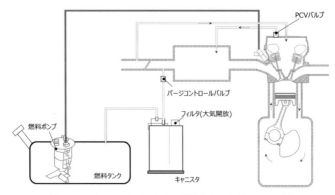

図9.35 ブローバイガスおよび燃料蒸気の処理システム例

排出量は低下する.

NO$_x$の低減には燃焼時の最高温度を低下させることが有効で, 点火時期の遅角や排ガスの一部を再び吸気に取り入れる EGR (図9.36) によって機関から排出する NO$_x$ は低減する. EGR は混合気の熱容量を増加させて燃焼温度を低下させるほか, ポンプ損失の低減やノック抑制効果により燃料消費率向上の効果もある. 最近は後処理による NO$_x$ 低減技術が進歩し, EGR や点火時期は NO$_x$ 低減のためより, 燃料消費率が最良となるように設定されている.

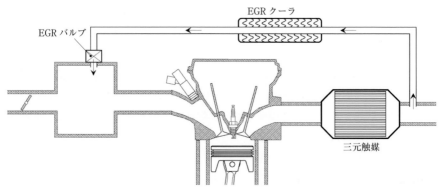

図9.36 EGR システムの例

希薄燃焼では機関からの排出 NO$_x$ 量および燃料消費量が低減するが, 後処理の浄化率が低下するため, 後処理浄化率の高い理論空燃比での運転が主流となっている. 空気過剰率が2以上の超希薄燃焼が実現すると NO$_x$ 排出は大幅に低減し, 後処理装置を簡略化できるが三元触媒の有効活用はできず, さらなる超低排出ガス化への対応は難しい.

火花点火機関から排出されるPMは，圧縮点火機関からの排出に比べて圧倒的に少なく重要視されていなかったが，圧縮点火機関に対するPM規制によりフィルタが装着されるようになると，火花点火機関から排出されるPMにも注目が集まり規制対象となっている．PM規制には，重量規制と粒子数規制があり，地域によって異なる．

PM排出の原因は，混合気の過濃部分で燃焼が不完全になることであり，炭素が主成分であるsoot（すす）を排出する．燃料噴射量が増加し，なおかつ空気との混合時間が短くなる高回転高負荷や，シリンダおよびピストンへの燃料付着が増加する冷間時にPM排出量が増加する．

PM排出の低減には，燃料の過濃部分を減らすことが重要で，燃料の微粒化および燃料付着を低減するため，インジェクタ噴霧の改良，高燃圧化，多段噴射などの技術開発が行われている．

9.4.2 後処理

機関本体の改良による排出ガスの低減には限界があり，後処理技術の向上によって厳しい排出ガス規制への対応を可能にしている．現在の自動車用火花点火機関では，CO，HC，NO_xの3成分を同時に浄化可能な三元触媒（図9.37）を利用している．

三元触媒は，セラミックまたはメタル製ハニカム形状の基材に，白金，パラジウム，ロジウム（Rh）などの貴金属を含む触媒コート層を形成し，排ガスがハニカムセル内を通過することで，HC，COの酸化反応と，NO_xの還元反応が促進され，3成分を同時に浄化する．

図9.38に示すように三元触媒の浄化率は，理論空燃比近傍で3成分ともに高い

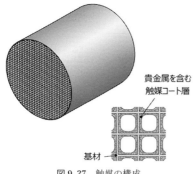

図9.37 触媒の構成

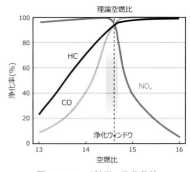

図9.38 三元触媒の浄化特性

値を得られるため，機関から排出されるガスを精密に理論空燃比近傍に制御する必要がある．そのため O_2 センサや空燃比センサを用いたフィードバック制御により，燃料噴射量を精密に制御している．O_2 センサは排ガス中の残留酸素濃度により起電力が変化し，理論空燃比に対してリッチ/リーンの判別ができる．空燃比センサはリッチ域からリーン域において空燃比に応じて連続的に出力変化するため，より精密な空燃比制御を可能にしている（図9.39〜図9.41）．

　三元触媒は，およそ 400℃ 以上で高い浄化能が得られるので，冷間始動直後は触媒温度が低く浄化できない．そのため活性温度の低温化，早期暖機させる機関制御，冷間時に機関から排出する有害ガス低減が重要となる．触媒の早期暖機には，機関に近い位置に触媒を配置することや，点火時期を遅角することにより，トルク

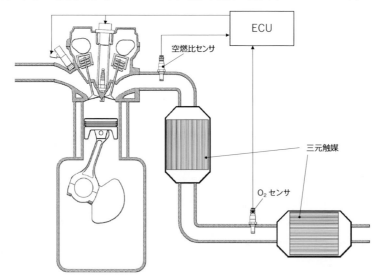

図 9.39 排気システム例

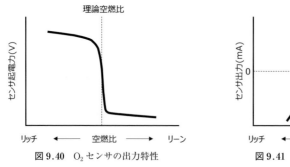

図 9.40 O_2 センサの出力特性

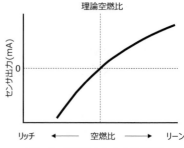

図 9.41 空燃比センサの出力特性

維持に必要なガス量を増加させながら排ガス温度を上昇させることが有効である.

　冷間始動時の触媒未活性による有害ガス排出を低減するため，電気加熱により早期活性させる電気ヒータ付き触媒（Electrically Heated Catalyst：EHC）や，ゼオライトなどからなる吸着材を利用し HC を一時的に吸着保持し三元触媒が活性後に浄化するシステムも一部実用化されてきた.

　高負荷運転時には排ガス温度が上昇し，触媒をはじめとする排気システムにダメージを与えることになる．燃料噴射量を増加し理論空燃比よりもリッチにすれば，排ガス温度が低下し部品保護することができるが，触媒での HC，CO 浄化率が低下し排出量が増加してしまう．そのため排気部品の高耐熱化，排ガスの冷却などにより，理論空燃比で運転可能な領域を拡大し高負荷域においても排出ガスを低減している.

　三元触媒に担持している貴金属が凝集（シンタリング）するなど，触媒機能が劣化すると浄化能が低下し排出ガスが増加してしまう．そうした状態が放置されないように修理を促す自己診断機能（On Board Diagnosis：OBD）も義務づけられており，三元触媒前後の排ガスセンサを用いて触媒浄化能を診断している.

　火花点火機関においても，PM 規制の強化により GPF（Gasoline Particulate Filter）が装着されるようになってきた．圧縮点火機関用フィルタ構造と同様にハニカム状のセラミック基材のインレット，アウトレットを互い違いに栓詰めすることにより，排ガスが壁を通過する際に PM が捕集される．捕集された PM は，約 600℃ 以上の高温環境下で酸素が供給されることで燃焼除去される．搭載スペースを有効活用するため，GPF に三元触媒をコートする場合もある.

　希薄燃焼は燃費向上には有利であるが，酸素過剰域においては三元触媒の NO_x 浄化率が低いため，酸素過剰域で NO_x を浄化する NO_x 吸蔵還元型触媒が開発されてきた．NO_x 吸蔵還元型触媒は，リーンで NO_x を吸蔵し，吸蔵した NO_x を理論空燃比やリッチで浄化する．しかしながら，理論空燃比における三元触媒の浄化率に比べて NO_x 吸蔵還元型触媒の浄化率は低く，厳しい排出ガス規制への対応は困難になるので市場導入は限定的となっている.

　自動車の排出ガス低減技術は規制の強化とともに進化し，運転条件によっては自動車から排出される有害ガス濃度は大気中よりも低くなっている．今後も内燃機関が活躍し続けるためには，大気環境への負荷がないことが求められ，Well to Wheel の CO_2 低減や，低温環境下などのあらゆる運転条件下における排出ガス低減の開発が進められている.

9.5　ハイブリッド車用の内燃機関

　地球環境保護のため CO_2 排出量削減がグローバルな課題となり，自動車に対しても燃費向上が強く求められている．ハイブリッド車は一般的に，内燃機関（エンジン）と電動機（モータ）を動力源として備える自動車をさし，近年急速に普及している．

9.5.1　ハイブリッド車用パワートレーンの機能と分類

　ハイブリッド車の機能としては，停車中に内燃機関を停止し無駄な燃料消費を抑制，減速時にモータで発電することで運動エネルギーを回生，モータの力行や発電により内燃機関を効率の高い負荷で運転，内燃機関を停止しモータのみで走行することで効率の悪い内燃機関軽負荷運転を行わないことなどが挙げられる．表 9.1，図 9.42 に示す分類において，一般にモータを車輪の駆動に使用するマイルドハイブリッド，ストロングハイブリッドとプラグインハイブリッドがハイブリッド車とされる．

表9.1　ハイブリッド車用パワートレーンの機能と分類

分類 （一般的電源電圧）	量産例 ☆は世界初	機能				
		停車中内燃機関停止	減速回生	内燃機関負荷調整	モータのみ走行	外部充電
アイドリングストップ （12 V）	☆EASS（トヨタ，1971） PURE DRIVE（日産） i-stop（マツダ）	○				
マイクロハイブリッド （12〜24 V）	i-ELOOP（マツダ） ENE-CHARGE（スズキ） S-Hybrid（日産）	○	△ ※1			
マイルドハイブリッド （12〜48 V）	THS-M（トヨタ） S-ENE-CHARGE（スズキ） MHEV（AUDI）	○	○	△ ※2		
ストロングハイブリッド （100 V〜）	☆THS（トヨタ，1997） IMA, i-DCD, i-MMD（ホンダ） e-Power（日産）	○	○	○	○	
プラグインハイブリッド （200 V〜）	☆F3DM（BYD, 2008） Chevrolet Volt（GM） PRIUS PHV（トヨタ）	○	○	○	○	○

凡例　○：機能あり　△：機能は限定的
※1：回生した電力は補機駆動に使用し，走行には使用しない
※2：駆動力のアシストを行い，発電による内燃機関負荷調整は行わない

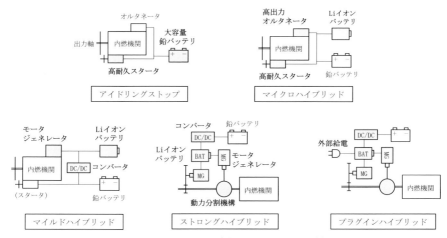

図 9.42 ハイブリッド車用パワートレーンの分類

9.5.2 ハイブリッド車用の内燃機関の特徴

ハイブリッド車用の内燃機関も基本的な構造は従来の内燃機関と変わらない.マイルドハイブリッド車については,モータのみでの走行をせず,駆動力を主に内燃機関で賄うため従来の内燃機関とほぼ同じである.

ストロングハイブリッド車用内燃機関では,使用域を高効率領域に集中させることができることから,より高効率化を狙った技術を導入しやすい.圧縮比を高め,ノッキングを回避するために膨張比に対し実圧縮比を下げるミラー(アトキンソン)サイクルを採用することが多い.背反として低速トルクと最高出力は低下するが,モータによるトルクアシストにより動力性能を補うことができる.

図 9.43 にストロングハイブリッドの代表的な 2 つの方式を示す.パラレル方式ではモータによる駆動力アシストを得られ,シリーズ方式では走行負荷によらず

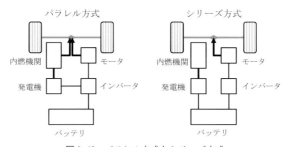

図 9.43 パラレル方式とシリーズ方式

内燃機関を定点運転することから，内燃機関の最高出力は低く抑えることもできる．そのため内燃機関の高回転での運転を制限して摩擦損失（フリクション）を低減させたり，ロングストローク化により高効率化を実現している．

　また，ハイブリッド車用内燃機関には電動ウォータポンプが採用されることが多い．これは内燃機関停止中も暖房用の温水を循環させる必要があるためである．さらに，内燃機関回転数に依存せず冷却水量を必要最小限に制御できるようになるため，ウォータポンプの仕事を最小化することができる．

　さらに，エアコンやパワーステアリングといったベルト駆動の補機も同時に電動化されることが多く，補機ベルトレス内燃機関が実現でき，低フリクション化やメンテナンスフリーにも貢献している．

参 考 文 献

1）自動車技術ハンドブック編集委員会編：自動車技術ハンドブック，第5分冊，p.51, p.52, p.57, 2016.
2）石井一洋ほか：混合気の点火特性に及ぼす点火プラグ電極形状の影響．自動車技術会論文集，**24**(2): 15-20, 1993.

⑩ 圧縮点火機関

10.1 熱　機　関

　圧縮点火機関は，シリンダ径が 70 mm 程度の超小型から 1 m を超える超大型まで，出力は数キロワットから数万キロワットの範囲をカバーし，内燃機関のうちでは最も汎用性に富み，乗用車，バス，トラック，船，発電機，建設機械などあらゆる種類の原動機として用いられ，また燃料消費率も最も少ない．

　しかし，燃焼の結果排出される窒素酸化物（NO_x）やすすに象徴される排出微粒子（パティキュレート PM）に対する規則が厳しくなっている．この規制を満足させるには燃料消費率の悪化が避けられない．そこで，図 10.1 のように，3 項目同時低減が圧縮点火機関にとって現在の最大の目標である．

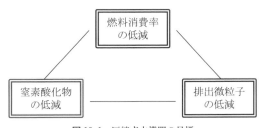

図 10.1　圧縮点火機関の目標

10.1.1　燃　焼　室

　ピストン頂面とシリンダヘッドのピストン側の空間が燃焼室である．この組み合せには 2 万種あるといわれ，設計者の腕の見せ所である．圧縮点火機関では高温高圧の狭い空間に噴射された燃料噴霧中の液滴と周囲気体の間で，良好な拡散・混合・蒸発を行わせる必要があるため，燃焼室形状を工夫しなければならない．燃焼室形状は，その容積がクランク軸の回転とともに変化し，ここに燃料を直接噴射する．圧縮点火機関の混合気形成を促進するために燃料噴霧自体がもつ高い運動量による空気導入だけでなく，燃焼室内の強いガス流動が重要である．その 1 つは，渦流（スワール）であり，燃焼室内の空気の回転運動を発生する方法に

は，次の3つがある.

①タンジェンシャルポート：吸気ポートを燃焼室に対して接線方向に設ける方法で，スワールの強さは吸気弁の位置とポートの方向による（図10.2(a)）.

②ヘリカルポート：吸気ポートがらせん形で，これにより空気に旋回を与える.最近この方法が多い（図10.2(b)）.

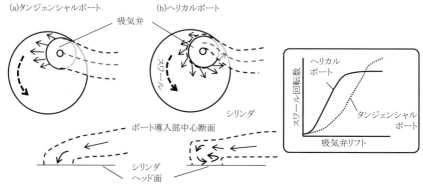

図10.2　吸気ポートの形状

③シュラウド付き弁（マスクド弁）：吸気弁にシュラウドまたはマスクと呼ばれる円弧上の案内板を設け，スワールの方向と強さを変える方法であるが，抵抗による損失が大きい.

もう1つの流動は，図10.3に示すピストンの上昇時に，上死点付近でピストンのくぼみ部すなわちピストンキャビティに押込まれる押込渦流（スキッシュ）と，ピストン下降時の逆の流れである逆スキッシュである．この2つの流れは燃焼室形状に依存する.

図10.4に燃焼室形状を示す．低スワール型と高スワール型に分けられる．(1)

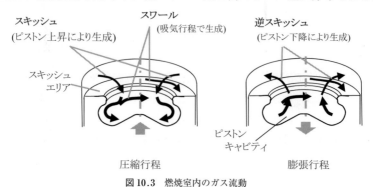

図10.3　燃焼室内のガス流動

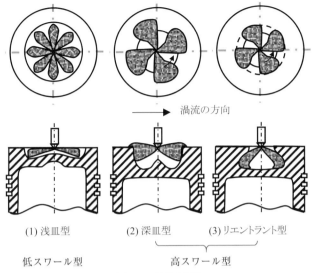

渦流の方向

(1) 浅皿型   (2) 深皿型   (3) リエントラント型

低スワール型   高スワール型

図 10.4 燃焼室形状

の浅皿型燃焼室は，シリンダ径が大きく回転数が遅い大型低速機関では，燃焼室形状がボール形になり，ほぼスワールなしとなる．(2) の深皿型燃焼室は，その断面の形状からトロイダル型とも呼ばれる．(3) はキャビティ入口部にリップという棚部を設け，スワールとスキッシュの効果を増すことを期待されるリエントラント型燃焼室である．この場合は燃焼もできるだけキャビティ内で行われるように意図されている．これら (2) と (3) は，図 4.26 に示した噴霧の壁面衝突が積極的に利用されている．実際の燃焼状況の例は，図 10.5 であり，これまで数多

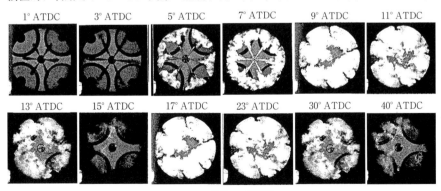

図 10.5 燃焼の可視化[1]

$P_{inj} = 150$ MPa，$q = 110$ mm^3/st，燃焼室：浅皿型，$d_n = 6 \times \phi 0.17$，スワール比 = ボア$\phi 0.9 \times$ストローク 135 mm $\times$ 140 mm，圧縮比 = 16.5.

く採用されてきた．近年では，10.2節で述べるコモンレール噴射システムによるさらなる噴射圧力の高圧化（最大250 MPa）とノズル噴孔の加工技術向上による小噴孔径かつ多数噴孔が主流となっており，スワールなどの筒内流動を弱めてもキャビティ円周方向に燃料混合気を分布させることが可能となる．したがって強い筒内流動による燃焼室壁面からの熱損失の低減と熱効率を向上させることを目的にキャビティ径を拡大した浅皿型キャビティが採用されている．

$\boxed{10.2}$ 燃料噴射方式

　圧縮点火機関の最大の特色の1つは燃料供給方法である．燃料タンクに貯蔵されている燃料は，燃料供給ポンプで高圧に圧縮されて高い運動量を与えられ，小さい径の噴孔をもつ燃料噴射ノズルで微粒化され，4.4節に記した特性を有する噴霧として，高温高圧の燃焼室に噴射される．

　燃料噴射システムとしては，列型ポンプあるいは分配型ポンプと燃料噴射ノズルで構成されるカム駆動のジャーク式噴射システムがこれまで広く用いられてきた．このシステムではクランク軸と歯車を介して連動する燃料カム軸のカムがプランジャを4サイクル機関では2回転に1回リフトさせ燃料を圧縮し，そのタイミングで高圧燃料を直接ノズルに圧送して噴射する．瞬間的には非常に高い圧力が発生するものの，噴射量，噴射タイミング，噴射圧力，噴射パターン（噴射率）

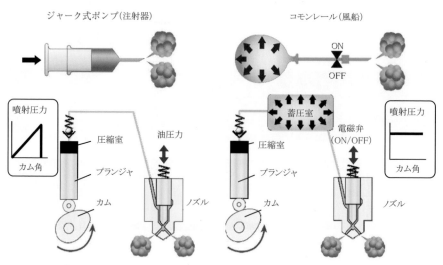

図10.6 ジャーク式とコモンレール式の噴射システムの比較（デンソー提供）

はすべてカムを通じて機関の回転と連動して機械的に決まってしまう．カムのリフトスピードはエンジン回転数と比例関係にあるため，低速域や低負荷時に高圧噴射を実現するのは構造的に困難となり，運転領域によって良好な燃焼が実現できずトルク不足や排出スモークの増大などの問題が生じていた．

　そこで，近年ではこれらの課題を解決するコモンレール式噴射システムが開発され採用されている．本システムはサプライポンプによって目標とする燃料圧力まで昇圧された高圧燃料をいったんコモンレールと呼ばれる燃料蓄圧容器に蓄えたあと各気筒に分配される高圧燃料を電子制御の噴射ノズルで噴射する方式である．図 10.6，図 10.7 にシステム図を示す．図 10.7 に示すようにレール内の燃料圧力を制御するため圧力センサが装着されており，噴射量，噴射タイミング，噴射圧力は電子制御ユニットで制御され，1 サイクル中に任意のタイミングに任意の噴射量を複数回噴射できるマルチ噴射が可能である．最新のコモンレールシステム（デンソー製：第 4 世代）では最大燃料圧力が 250 MPa まで昇圧可能となっ

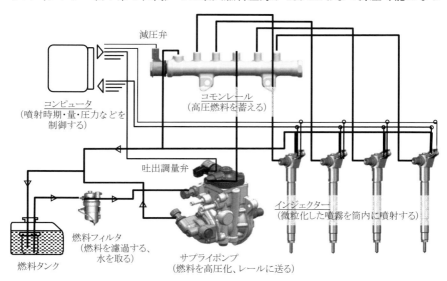

図 10.7　コモンレール式噴射システム（デンソー提供）

ている.

　図 10.8 は噴孔付近の詳細である. 直噴式ディーゼル機関の燃料噴射ノズルで
は, 複数の噴孔をもつノズルの内部に組み込まれたニードルの開閉を電子制御に
より行う.（a）はサックタイプノズル,（b）は VCO（Valve Covered Orifice）ノ
ズルである. サックタイプノズルはニードルの開閉状態にかかわらずサック部と
噴孔が常時通じており, ニードルが離座するとサック部に溜まった燃料に均等な
圧力が加わり, 噴孔を通じて噴射されるため, 安定した燃料の噴射が可能である.
しかし, 閉弁時でも燃焼室内の圧力変化に起因して, サック部に溜まった残留燃
料が噴孔から流出する "あとだれ" が発生し, 排出ガス中の未燃炭化水素濃度の
増加要因となる. 一方, VCO ノズルは, ニードル閉弁時に噴孔への燃料の流入を
直接遮断するため, 上記のような燃料の流出が生じず, 排気の悪化が起こり難い
が, 開弁時にニードルが基端側に移動した際, 加工公差によりニードル中心がノ
ズルボディ中心からわずかに偏心することがあり, これによりニードルとノズル
ボディの間に形成される燃料の通路幅が不均一になることで, 結果的に複数噴孔
から噴射される燃料量にばらつきが生じる. 近年ではサックタイプノズルのサッ
ク容積を小さくしたミニサックノズルが主流となっている.

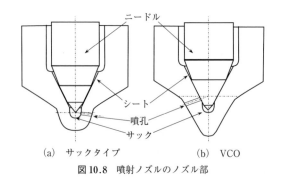

　　　　　　　ニードル

　　　　　　　　　　　　シート
　　　　　　　　　　　噴孔
　　　　　　　　　　サック

　　　（a）　サックタイプ　　　　　（b）　VCO

図 10.8　噴射ノズルのノズル部

10.3　過　　　給

　中型中速, 大型低速機関では, 従来から出力向上のため, 小型高速機関では,
最近排出ガス規制に適合させるため, 過給が行われてきた. 近年では, 熱損失や
摩擦損失の低減のため小排気量エンジンと過給システムを組み合わせたダウンサ
イジング技術が多く採用されている. ダウンサイジングにより使用頻度の高い運
転域がエンジン作動点の高効率へシフトするため, 車両ベースの実用燃費を大き

く改善することが可能である.

図 10.9 は空気標準の理想過給機付きディーゼルサイクルである. 破線 52′3′4′5 は無過給,すなわち通常のディーゼルサイクルを表す. 常圧 p_a の空気は過給機で p_s まで圧縮されるので,そのために必要な仕事は面積 B01AB である. シリンダ内では点 1 より初圧 p_s で 12341 の通常のディーゼルサイクルが行われるとする. すなわち過給の有無による理論熱効率の差はないことになる. 機関の吸入行程 71 ではピストンに p_s がかかっているため,ピストンのポンプ仕事 15671 は右まわりの正の仕事になる. したがって,圧縮仕事のうちこの 15671 が回収され,過給のために必要な仕事は,面積 0150 と面積 67AB6 だけになる. そのため,過給だけ行う場合には,この 2 つの面積分だけ熱効率は低下する.

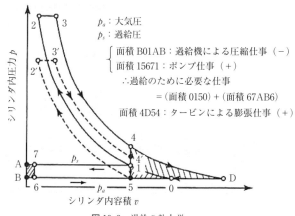

図 10.9 過給の熱力学

過給機は機械式過給機(Mechanical Supercharger)とターボ過給機(Turbocharger)に大別される. 機械式過給機は,エンジンのクランク軸からベルトなどを介して取り出した動力で圧縮機を駆動し空気を圧縮する. 応答性が良く,発進時や低速条件でのトルクが増大する一方,エンジンを過給機の動力源にしているため燃費が悪化する. ターボ過給機は,図 10.9 の点 4 において排気のもつエネルギーを用

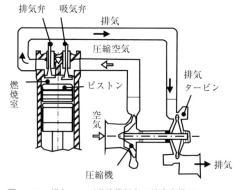

図 10.10 排気ターボ過給機付き圧縮点火機関のシステム

いてタービンに作用させ，圧縮機を動かすシステムであり，燃費の悪化がなく現在大半の圧縮点火機関に用いられている．この場合，面積 4D54 の仕事が回収可能である．図 10.10 は排気ターボ過給機付き圧縮点火機関のシステム図である．圧縮機後の圧縮空気の温度は 100～150℃ 程度にまで上昇するため，これを冷却して下降させ，機関の新気の容積効率を増す目的で，中間冷却器（インタークーラ）が圧縮機後に設置されることが多い．

　主流であるターボ過給機は，上述のとおり燃費の悪化はないが応答性が悪く，低速条件で十分なトルクの確保が難しい．近年は図 10.11 に示すターボ過給機の可変容量化や 2 段のターボ過給システムによりその欠点が改善されている．可変容量化の 1 つである可変ノズルタービンによるターボ過給機は，過給効果を高めるためにエンジンの回転数に応じて排気タービンハウジング内に取り付けられた可変ノズルにより排気通路の大きさを変化させ，タービンブレードへの排気の流速を制御している．

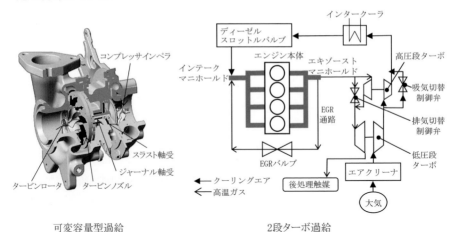

可変容量型過給　　　　　　　　　2段ターボ過給

図 10.11　近年の排気ターボ過給機システム（左図はトヨタ自動車提供）

10.4　排出ガスの低減対策

　圧縮点火機関から排出される有害成分としては NO_x，PM，CO，HC が重要である．また，重油を使用する舶用および定置用機関ではそれに加えて，燃料中の硫黄に由来する硫黄化合物（SO_x）も問題となっており，燃料油中の硫黄濃度の規制強化が進んでいる[2]．

　NO_x は 2000 K 以上の高温で筒内の窒素と酸素が結合して形成されるサーマル

NO_x が支配的であり，燃焼温度を低下させることが重要である．

　PM のうち，ジクロロメタンなどの有機溶媒に溶ける未燃燃料，潤滑油，燃焼生成物などは可溶有機成分（Soluble Organic Fraction：SOF）と呼ばれる．残った不可溶成分（InSoluble Fraction：ISF）には soot（すす）と燃料中の硫黄が酸化して水と結合し硫酸ミスト状になったサルフェート，微量のアッシュ（灰分）が含まれる．負荷が軽いときには SOF の占める割合が多く，高負荷運転では soot が多く排出される（図 10.12）．

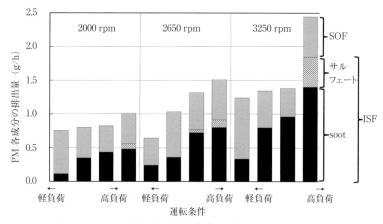

図 10.12　PM の内訳の例（2.8 L 直列 4 気筒）（トヨタ自動車提供）

　soot は筒内で 1 次粒子と呼ばれる 20 nm 程度の大きさの炭素粒子として生成される．1 次粒子の電子顕微鏡画像と soot の生成過程を図 10.13 に示す．多環芳香

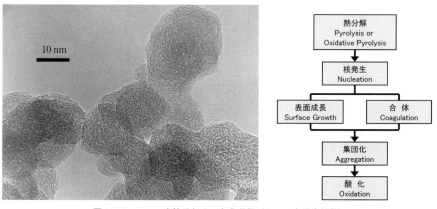

図 10.13　soot 1 次粒子とその生成過程（トヨタ自動車提供）

族を多く含む燃料の方が soot を生成しやすい.

近年の厳しい排出ガス規制へ対応するため,特に NO_x と soot を低減すること が求められる.EGR,コモンレール式燃料噴射などによる燃焼自体での対策と, 触媒を中心とする後処理装置による対策がある.

10.4.1 燃焼による対策

NO_x と soot の生成速度はと もに当量比(ϕ)と温度(T) により整理されるので,NO_x, soot の生成速度を等高線で表現 した $\phi\text{-}T$ マップが燃焼開発に 用いられている(図 10.14: $\phi\text{-}T$ マップについては 4.5 節に て詳述).

燃焼中の混合気分布には偏り があり,ある瞬間の分布を示し たものが図中の一般的な拡散燃

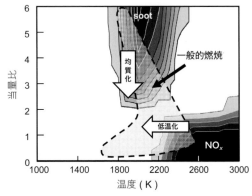

図 10.14 $\phi\text{-}T$ マップと燃焼対策の方向性 (文献[3] をもとに修正)

焼である.理想は soot と NO_x を両方とも発生させない状態を実現した燃焼であ り,$\phi\text{-}T$ マップから NO_x 抑制には燃焼の低温化が,soot 抑制には均質化が重要な ことがわかる.

a. 燃焼の低温化

EGR による NO_x 低減が広く実用化されている.3 原子分子である CO_2 および H_2O を筒内に導入することにより熱容量が増大するので等発熱量でも燃焼温度が 低下し,NO_x が低減する.火花点火機関と異なり元々ポンピング損失が少ないこ ともあり,EGR により燃焼が緩慢になるため燃費が向上することは通常ない. EGR ガスを冷却することにより,低温化するとともに充てん効率が増加するため に EGR 効果を増大させることができるので冷却 EGR も用いられている.

図 10.15 は 2000 rpm,70% 負荷運転時において冷却 EGR を行ったときの EGR 率(全吸入ガスに占める排ガスの重量比率)に対する NO_x および soot を示して いる.15% 程度の EGR を投入することにより大幅な NO_x 低減が soot の悪化を伴 わずに実現できることがわかる.ただし,EGR 率をさらに増加させると中〜高負 荷では soot の急増が避けられない.軽負荷では燃焼不安定(失火)が背反となる.

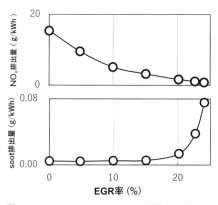

図 10.15 EGR の NO$_x$, soot への影響の一例
（2.8 L 直列 4 気筒）（トヨタ自動車提供）

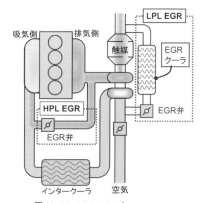

図 10.16 LPL EGR と HPL EGR
（トヨタ自動車提供）

過給機付き内燃機関では過給機の排気タービン上流より EGR ガスを分流させてコンプレッサ下流にて新気と合流させる High Pressure Loop EGR（HPL EGR）が一般的であるが，さらなる冷却効果を得るために排気タービンの下流から分流させてコンプレッサ上流に還流させる Low Pressure Loop EGR（LPL EGR）も用いられている（図 10.16）.

また，圧縮比を低く設定することも燃焼温度を下げる効果があり広く採用されている.

b. 均質化

前述の ϕ-T マップから PM の主成分である soot の排出を抑制するためには燃焼場を均質に近づけることが重要であることがわかる. そのためには燃料と吸入ガスの混合改善が有効である. それに大きく寄与している技術は，レールに蓄圧された燃料を 1 サイクル中の任意の時期に筒内に噴射することが可能なコモンレールシステムである. コモンレールシステムにより，噴射圧力を調整して微粒化および空気との混合を促進することができ，また，1 サイクルで 9 回にも及ぶ多段噴射を適切に実施することにより筒内のガス流動と組み合わせて混合気分布を制御することが可能となり，燃焼騒音低減と soot 低減を両立することが可能となった.

c. 予混合圧縮着火燃焼

低温化，均質化を一層進める技術として HCCI もしくは PCCI と呼ばれる予混合圧縮着火燃焼が検討されている. NO$_x$ と soot のトレードオフが大幅に改善されるが，着火時期の制御が難しくノッキングによる過大燃焼騒音や未燃損失が発生

しやすいなどの課題もある（4.5節参照）.

10.4.2 後処理装置による対策

近年の厳しい排出ガス規制に適合するためには，前記の燃焼による対策だけでは不足であり，排気後処理装置が必須のものとなっている．圧縮点火機関では排ガスが酸素過剰のために三元触媒を使用することができず，個々の汚染物質に応じた触媒が必要となる．HC，CO，SOF を浄化する酸化触媒，PM を捕集して燃焼させる DPF，NO_x を浄化する NO_x 触媒が用いられている.

図 10.17 では欧州の排出ガス規制レベルと各種後処理装置の装着トレンドを示す．例えば PM の規制が強化された Eu5 では，ほぼ 100 % DPF が採用され，NO_x が厳しくなった Eu6 では NO_x 触媒が標準的に

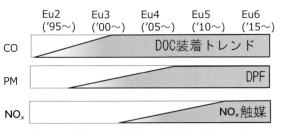

図 10.17 欧州規制の推移と後処理装置装着トレンド（トヨタ自動車提供）

採用されており，規制強化に対応した後処理装置が導入されていることがわかる.

a. DOC (Diesel Oxidation Catalyst)

DOC は低温での HC，CO，SOF の酸化反応を促進する触媒である．HC を燃焼させるには 600℃ 程度の温度が必要であるが，DOC により 200～300℃ まで反応温度を低下させることができ，通常の運転条件での HC，CO の燃焼除去が可能となる（図 10.18）.

DOC は触媒作用のある白金やパラジウムを担持したウォッシュコートとそれを保持する構造体である基材により構成されている．基

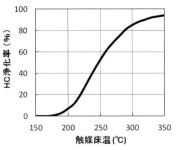

図 10.18 DOC の浄化性能の例（トヨタ自動車提供）

材は多孔質セラミックであるコージェライトを材料とし，モノリスと呼ばれるハニカム状に成型したものが多用されているが，薄板金属をろう付け（ブレージング）することによりセル構造を形成したメタル基材も用いられている（図 10.19）.

圧縮点火機関は酸素過剰雰囲気で運転されているため，DOC を活用するための特別な機関制御を必要としない．ただし，始動直後などの低温での浄化率向上や

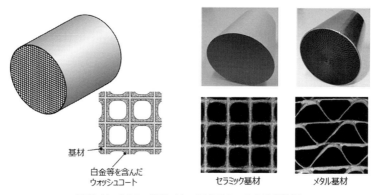

図 10.19 DOC の構造（右の写真はトヨタ自動車提供）

劣化時の浄化性能確保，HC や硫黄による性能低下（触媒被毒）の抑制が必要である．反応も一見酸化するだけで単純にみえるが，実際にはほかの触媒以上に多くの反応が進行しており，複雑な反応機構を有している．

b. DPF（Diesel Particulate Filter）

DPF は火花点火機関で用いられる GPF と同様に粒子をフィルタで物理的に捕集するもので，PM 粒子数の 99 ％以上を捕集・低減することができる（図 10.20）．構造は，セラミックのモノリスを交互に栓詰めしたウォールフロータイプが 一 般 的 で あ る（図 10.21）．捕集した PM の発

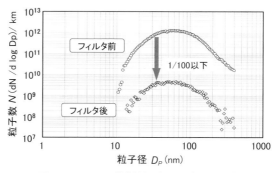

図 10.20 DPF の捕集性能（トヨタ自動車提供）
エンジン：排気量 4 L，インタークーラターボ付，運転条件：40 km/h 定常．

熱による過昇温を抑制するために熱伝導率の高い炭化ケイ素 SiC が基材として用いられることが多いが，DOC と同様のコージェライトも特に大型車ではよく用いられる．堆積した PM の酸化を促進するために酸化触媒を DPF にコートすることも広く行われており，CSF（Catalyzed Soot Filter）と呼ばれる．

堆積した PM の主成分は soot であり，目詰まりによる DPF の圧損増加を抑制するために燃焼除去をすることが必要である．乗用車では数百 km ごとに DPF 前

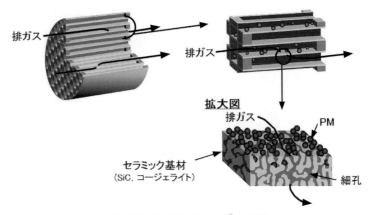

図10.21　DPF の構造（文献[4]に加筆）

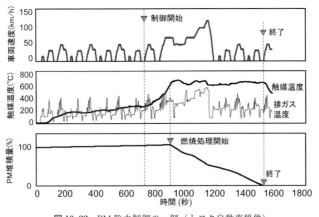

図10.22　PM 除去制御の一例（トヨタ自動車提供）

段の DOC に燃料を供給することにより，600℃前後に昇温させて DPF に堆積した soot を酸化除去することが行われる（図10.22）.

　　ただし，燃料中の硫黄や燃焼で生成する NO_x に対する中和剤として潤滑油中に調合されるカルシウム（Ca）などのアルカリ性成分に由来する硫酸カルシウム（$CaSO_4$）などのアッシュは昇温しても燃焼せずに残留するため除去が困難であり，DPF の必要容積や交換寿命の決定因子となることも多い.したがって DPF 用に潤滑油中のアルカリ性成分を低減させた低アッシュオイルも用いられている.

c. NO_x 触媒

　　圧縮点火機関の排気に含まれる NO_x を浄化するには酸素過剰雰囲気で還元反応

を行う必要がある．広く用いられているのは尿素水を用いる尿素 SCR システムおよび NO_x 吸蔵還元システムである．

1）尿素 SCR（Selective Catalytic Reduction）システム　排気中に尿素水を噴射して，熱分解および加水分解により生成した NH_3 によって NO_x を酸素過剰雰囲気で選択的に還元するシステムである．高い浄化率を発揮し，耐久性も高い．NH_3 を用いた NO_x 浄化は以前より固定発生源では用いられてきたが，車両に NH_3 を搭載することは安全性とコストから難しく，尿素水から NH_3 を生成する方式となっている（図 10.23）．

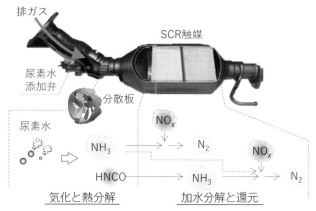

図 10.23　尿素 SCR システムと浄化機構（トヨタ自動車提供）

尿素水の添加量は機関からの NO_x 流入量，触媒温度，触媒に吸着している NH_3 量に応じて制御する必要があり，過剰に添加すると NH_3 が排出されるリスクがある．また，触媒を有効に利用するために尿素水の均一な分散が重要であり，分散板などが用いられることが多い．自動車用として使用される場合は低排気温度での触媒活性向上が必要であり，NO と NO_2 が等 mol ずつ存在する場合が低温で浄化しやすいため，NO 酸化を目的として上流に DOC が配置されることが多い．

2）NO_x 吸蔵還元システム　NSR（NO_x Storage Reduction），NSC（NO_x Storage Catalyst），または LNT（Lean NO_x Trap）と呼ばれることもある吸蔵還元型 NO_x 触媒は，リーン（酸素過剰）時に NO_x をいったん触媒に吸蔵し，一定時間ごとに瞬間的に空燃比をリッチにすることにより吸蔵された NO_x を還元浄化する技術である．バリウム（Ba）などの NO_x 吸蔵剤が炭酸塩と硝酸塩を行き来することにより吸蔵放出を行い（吸蔵放出），リッチ条件では放出された NO_x を還元浄化する（図 10.24）．

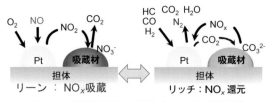

図 10.24　吸蔵還元型 NO$_x$ 触媒（トヨタ自動車提供）

　最初は火花点火希薄燃焼機関の NO$_x$ 低減技術として実用化された．圧縮点火機関に用いる場合はリッチ条件を作ることが課題であったが，最新の燃焼・制御技術により解決されている．

　尿素 SCR システムと比較すると通常の燃料を還元剤として使用するためにタンクなどの尿素水噴射システムが不要であることが大きなメリットである．反面，浄化性能が尿素 SCR システムに及ばないこと，リッチ雰囲気を作るための燃費悪化が生じること，燃料中の硫黄などによる触媒被毒の影響を受けやすく，600°C 以上かつリッチ雰囲気にする硫黄放出制御が必要なことなどがデメリットである．

　上述のように排出ガスを低減するさまざまな技術が開発され，従来は燃料消費が悪化することを許容せざるを得ないことがあったが，技術の進歩により排気低減と燃費低減の両立が可能となってきている．図 10.25 は米国で市販された大型車用ディーゼル機関の NO$_x$ と燃費のトレンドを示すが，尿素 SCR システムの高 NO$_x$ 浄化性能を活かすことにより，EGR，DPF により悪化した燃料消費を取り戻していることがわかる．

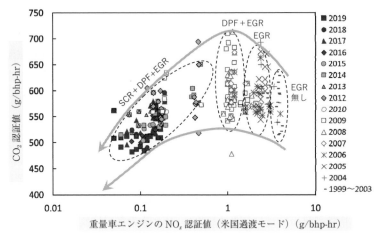

図 10.25　NO$_x$ 低減と SCR による燃費の回復（文献[5] をもとに作図）

参 考 文 献

1) Advanced Combustion Engineering Inst. Co., Ltd., ACE's Spray and Combustion Photo Review, 19–29, Sept. 1992.
2) 国交省：2020 年 SO_x 規制適合舶用燃料油使用手引書（第 2 版）.
http://www.mlit.go.jp/common/001307484.pdf, 2019. 2019 年 12 月閲覧.
3) 秋濱一弘：ϕ-T マップとエンジン燃焼コンセプトの接点. 日本燃焼学会誌, **56**(178): 291–297, 2014.
4) 吉田　隆編：クリーンディーゼル開発の要素技術動向, p. 166, エヌ・ティー・エス, 2008.
5) EPA: Annual Certification Data for Vehicles, Engines, and Equipment/Heavy-Duty Highway Gasoline and Diesel Engines.
https://www.epa.gov/compliance-and-fuel-economy-data/annual-certification-data-vehicles-engines-and-equipment, 2019. 2020 年 4 月閲覧.

⑪ ガスタービン

11.1 概　　説

　ガスタービンは，作動流体として高温の空気などの気体を利用し，タービンを回転させることにより仕事を得る一種の速度型熱機関である．図 11.1 に示すように，オープンサイクルガスタービンとクローズドサイクルガスタービンの2つに分類される．空気を吸気し，タービン駆動後に作動流体を外部に排出するオープンサイクルガスタービンが一般的である．クローズドサイクルガスタービンでは一方で，外部加熱器と予冷却器を備え，作動流体を循環させる．高熱源としてさまざまな熱エネルギーが利用可能であり，一般的には灯油，軽油，天然ガス，水素などの燃料と空気の燃焼熱が利用される．その熱を作動流体内部で発生させるとともに燃焼により生じた燃焼ガスを直接作動流体として利用するのが内燃式ガスタービンである．一方で，燃焼させずに外部で発生した熱を熱交換器を通して作動流体へ伝えるものを外燃式ガスタービンと呼び，クローズドサイクルガスタービンは必然的に外燃式となる．火力発電や原子力発電に使用される蒸気タービンはクローズドサイクルガスタービンであり，大型設備が多く，輸送機器には向いていない．現在，移動機器に使用されているガスタービンのほとんどは内燃式オープンサイクルガスタービンであり，比較的構造が単純で出力重量比が大きく小型化も容易である．本章においては主にこれを中心に解説する．

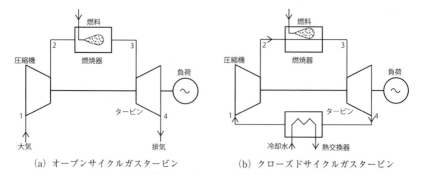

（a）オープンサイクルガスタービン　　　（b）クローズドサイクルガスタービン

図 11.1　ガスタービンの構成

オープンサイクルガスタービンは，航空機の原動機として用いられる航空機用ガスタービン，発電用および動力用として使用される陸用ガスタービンに分類される．これらは，空気吸い込み口より空気を取り込み，圧縮機により高圧力まで圧縮を行い，燃焼器において燃料を噴射することで等圧燃焼により高温高圧状態となる．高温高圧の燃焼ガスはタービンの動翼に対して仕事を行い，その後膨張して大気に排出される．タービンの発生動力は，圧縮機における空気の圧縮に使用される消費出力の差を軸出力として取り出すことで発電機，プロペラおよび車両などの駆動に使用される．航空機用ガスタービン（ターボジェットエンジン）においては，この高温ガスのもつ熱エネルギーをノズルで膨張させることで運動エネルギーに変換し，後方に高速で噴射することで直接推進力に利用する．

ガスタービンは作動流体に与えられる熱エネルギーを速度エネルギーに変え，タービンブレードに吹き付けることで動力を取り出したり，ノズルなどで膨張させて推力を得る速度型内燃機関の一種である．作動流体の流動が連続的であるため，機関の大出力化が可能である．また，同一出力の容積型内燃機関と比較して小型軽量である．自動車用エンジンのように，往復運動機構を含まないため，比較的簡単な構造となり，振動やトルク変動も少なく耐久性および信頼性に優れている．また，容積型内燃機関で利用される間欠燃焼ではなく，はるかに簡単な連続燃焼が採用されており，燃焼現象の把握，制御が容易であり，燃料選択の自由度が大きい．一方で，タービン動翼が高速で回転することに加え，常時高温度の作動流体にさらされ過酷な応力状態に置かれる．そのため，燃焼温度の高温化が困難である．タービン翼の冷却も必要であり，それにより吸気の一部を抽気することになり，効率が低下する．一般的に，容積型内燃機関と比較して熱効率が小さくなる傾向がある．また，ガスタービンは高速回転するために動力として軸出力を取り出す際には大きい速度比の減速機が必要となる．

11.2 サ イ ク ル

11.2.1 単純ガスタービンサイクル

単純ガスタービンの構成図，理論サイクルの PV 線図および TS 線図を図 11.2 に示す．単純ガスタービンの理論サイクルはブレイトンサイクルと呼ばれ，断熱圧縮（$1 \rightarrow 2$），等圧加熱（$2 \rightarrow 3$），断熱膨張（$3 \rightarrow 4$），および等圧冷却（$4 \rightarrow 1$）の各過程からなる．比熱比 κ を一定とした理想気体を仮定すると，供給熱量 Q_{23} および冷却熱量 Q_{41} はエンタルピーを H，作動流体の質量を m とすると，以下の

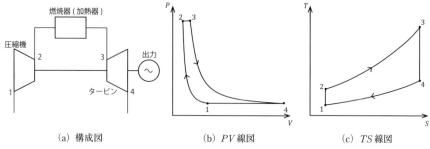

(a) 構成図   (b) *PV* 線図   (c) *TS* 線図

図 11.2 単純ガスタービンサイクル

関係式で表される.

$$Q_{23} = H_3 - H_2 = mc_p(T_3 - T_2) \tag{11.1}$$

$$Q_{41} = mc_p(T_1 - T_4) \tag{11.2}$$

ここでは,熱量に符号を含むとする($Q_{23} > 0$,$Q_{41} < 0$).また断熱過程においては,ポアソンの式($PV^{\kappa} = \text{const}$)が成り立つため,圧力比 $\psi = P_2/P_1$ とすると

$$\frac{T_2}{T_1} = \left(\frac{P_2}{P_1}\right)^{\frac{\kappa-1}{\kappa}} = \left(\frac{P_3}{P_4}\right)^{\frac{\kappa-1}{\kappa}} = \psi^{\frac{\kappa-1}{\kappa}} = \frac{T_3}{T_4} \tag{11.3}$$

したがって,熱効率 η は以下のように表される.

$$\eta = \frac{W}{Q_{23}} = \frac{Q_{23} + Q_{41}}{Q_{23}} = 1 - \frac{T_4 - T_1}{T_3 - T_2} = 1 - \psi^{\frac{\kappa-1}{\kappa}} \tag{11.4}$$

このように,単純ガスタービンの熱効率は比熱比 κ および圧力比 ψ のみで決まる.それらの値が増大すると,熱効率は改善する.また,仕事は以下のように表される.

$$W = Q_{23} + Q_{41} = mc_p(T_3 - T_2 + T_1 - T_4) = mc_p T_1 [\chi(1 - \psi^{\frac{\kappa-1}{\kappa}}) - (\psi^{\frac{\kappa-1}{\kappa}} - 1)] \tag{11.5}$$

ここで,温度比 $\chi = T_3/T_1$ とする.実際のガスタービンにおいては,燃焼ガスが導入されるタービン入口温度が,タービン翼の耐熱性により制限される.そのため,圧力比を上昇させた場合,燃焼器入口温度が上昇するため,同じタービン入口温度にするには燃料の噴射量を減少させる必要がある.それにより,流入する単位空気流量あたりに取り出される出力である比出力が減少する.比出力の減少は設備やエンジンの大型化につながる.そのため,ガスタービンの性能は比出力と熱効率で表され,ガスタービンの高効率化にはタービン入口温度の上昇(温度比 χ の増加)と圧力比 ψ を増加させる必要がある.

11.2.2 再熱ガスタービンサイクル

単純ガスタービンではタービン入口温度により出力が制限される．そのため，タービンの途中で作動流体を取り出し，再熱した後タービンに戻し動力を得ることで出力を向上させることができる．この方式を再熱ガスタービンサイクルという．また，航空機用ジェットエンジンにおいては，低圧タービンの代わりに，タービン後に燃料を噴射し燃焼させた後（再熱器，アフターバーナと呼ばれる），ノズルで高温ガスを膨張させて噴射することで推力を増強させることができる．再熱ガスタービンの構成図，理論サイクルの PV 線図および TS 線図を図 11.3 に示す．このとき，加熱に必要な熱量は図 11.3 の面積 $b3''3c$ のときに相当する．再熱ガスタービンサイクルにおいては，$p_{3'}=p_3=\sqrt{p_{3'}p_4}=\sqrt{p_1p_2}$ のときに仕事増加量が最大となる．この条件と，高圧タービン入口温度と低圧タービン入口温度が等しい（$T_{3'}=T_3$）とすると，熱効率および仕事は次式のように表される．

$$\eta = \frac{Q_{23'}+Q_{3''3}+Q_{41}}{Q_{23'}+Q_{3''3}} = 1 - \frac{T_4-T_1}{T_{3'}-T_2+T_3-T_{3''}} = 1 - \frac{\chi\psi^{\frac{\kappa-1}{2\kappa}}-1}{2\chi-\psi^{\frac{\kappa-1}{\kappa}}-\chi\psi^{\frac{\kappa-1}{2\kappa}}}$$

(11.6)

$$W = Q_{23'}+Q_{3''3}+Q_{41} = mc_pT_1[2\chi(1-\psi^{\frac{\kappa-1}{\kappa}})-(\psi^{\frac{\kappa-1}{\kappa}}-1)]$$ (11.7)

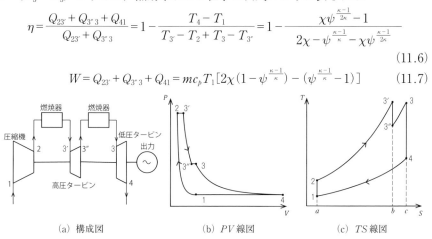

(a) 構成図　　　　　(b) PV 線図　　　　　(c) TS 線図

図 11.3 再熱ガスタービンサイクル

11.2.3 再生ガスタービンサイクル

ガスタービンの排気は一般に高温であるため，この熱を燃焼用空気の加熱に利用すると，加熱に必要な燃料が減少するため熱効率が上昇する．排気と吸入空気との間で熱交換器を用いて熱の一部を回収する．このような熱交換器付きのガスタービンを再生ガスタービンサイクルと呼ぶ．再生ガスタービンの構成図，理論サイクルの PV 線図および TS 線図を図 11.4 に示す．理想的な熱交換器を用いると，空気は T_2 から $T_{3'}$（$=T_4$）まで加熱される．排気は T_4 から $T_{4'}$（$=T_2$）ま

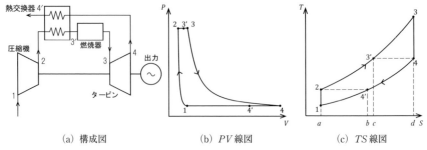

(a) 構成図　　　　　　　(b) PV 線図　　　　　　　(c) TS 線図

図 11.4　再生ガスタービンサイクル

で冷却される．以上により，必要な加熱量は TS 線図の面積 c3′ 3d となり，排熱量は面積 a14′ b となる．このとき，熱効率は以下の式で書き表される．

$$\eta = \frac{Q_{3'3} + Q_{4'1}}{Q_{3'3}} = 1 - \frac{T_4 - T_1}{T_3 - T_{3'}} = 1 - \frac{\psi^{\frac{\kappa-1}{\kappa}}}{\chi} \tag{11.8}$$

そのため，温度比 χ が一定であるならば，圧力比 ψ が小さい方が熱効率が高い．

11.2.4　中間冷却ガスタービンサイクル

　圧縮機の途中で空気を取り出し，熱交換器を用いて作動空気を冷却した後に圧縮機に戻すと空気の比体積が減少するため圧縮仕事が減少する．このようなサイクルを中間冷却サイクルと呼ぶ．図 11.5 に中間冷却ガスタービンの構成図，理論サイクルの PV 線図および TS 線図を示す．

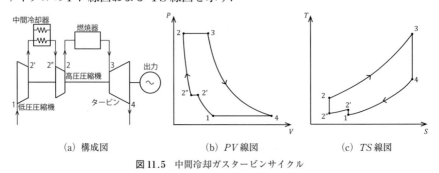

(a) 構成図　　　　　　　(b) PV 線図　　　　　　　(c) TS 線図

図 11.5　中間冷却ガスタービンサイクル

11.2.5　エリクソンサイクル

　上記の中間冷却サイクルに再熱サイクルを組み合わせると出力が増大する．図 11.6 に中間冷却再熱ガスタービンの構成，理論サイクルの PV 線図および TS 線図を示す．ここで中間冷却と再熱を無限段で行うとすると，1 → 2 の過程は等温

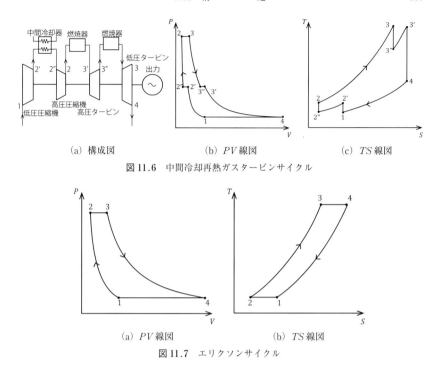

(a) 構成図　　　　　　　(b) *PV* 線図　　　　　　　(c) *TS* 線図

図 11.6　中間冷却再熱ガスタービンサイクル

(a) *PV* 線図　　　　　　　　　(b) *TS* 線図

図 11.7　エリクソンサイクル

圧縮となり，3 → 4 の過程は等温膨張となる．このサイクルはエリクソンサイク
ルと呼ばれる．図 11.7 にエリクソンサイクルの *PV* 線図および *TS* 線図を示す．
理想的な熱交換器を用いて，等圧冷却で出た熱量を等圧加熱での再熱に利用する
と，このサイクルの熱効率は，

$$\eta = 1 - \frac{T_1}{T_3} \tag{11.9}$$

となり，温度 T_3 および温度 T_1 の間の熱源間で駆動するカルノーサイクルの熱効
率に等しくなる．

11.3 　構　　　造

11.3.1　圧　縮　機

　ガスタービンは大量の空気を使用するので，軸流圧縮機や遠心圧縮機などの速
度型圧縮機が適している．容積型圧縮機はサージングがないものの空気流量が少
ないためほとんど利用されていない．図 11.8 に遠心圧縮機（M1A-17D）と軸流
圧縮機（M5A-01D）を用いた産業用ガスタービンのカットモデルを示す．遠心圧

M1A-17D   M5A-01D

図 11.8 川崎重工業製ガスタービン（川崎重工業提供）

縮機はインペラ，ディフューザからなり簡単な構造で安価であり，1段あたりの
圧縮比が高く作動範囲が広い．また，頑丈で異物の混入に対しても丈夫であり，
羽根車などに埃が付着しても比較的性能の低下が少ない．そのため，比較的小型
の陸用・舶用ガスタービンに用いられている．小型航空機用ガスタービンにも用
いられており，圧縮比8程度までは単段で使用される．2段にすると構造がやや
複雑になるが，安定作動領域や周速，強度などに余裕が出る．軽量であるが正面
面積が大きくなるのに加え，流路設計が困難であり，所用の性能を得るのにかな
りの技術的困難さを伴う．ホンダジェットに使用されている HF120 においては，
低圧圧縮機は軸流2段，遠心1段と組み合わせている．小型の発電用ガスタービ
ンにおいて遠心2段で圧力比は7から12程度である．高効率化と作動範囲の確保
を考えると，2段構成が主流である．

　軸流圧縮機の長所として，圧縮空気流量が多いこと，空気流量あたりの圧縮機
重量および容積が小さいことと，多段で高圧力化した場合も高効率が得られるこ
とが挙げられる．このため，大型ガスタービンには用途のいかんにかかわらず軸
流圧縮機が多く用いられる．航空機に搭載する場合，前面面積あたりの空気量が
多く飛行中のラム圧を有効に利用できることが重要となる．このため，小型化を
指向したエンジンを除いては，一般的には航空機用ガスタービンにおいて軸流圧
縮機の利用がとくに顕著である．長時間使用すると空気中の埃が翼面に付着して
性能が低下するので，陸・舶用ガスタービンでは空気フィルタの設置が望まれる．
多段軸流圧縮機は，低速低流量時における初段での旋回失速（一部の動翼が正失
速），低速大流量時における終段での負失速，高速小流量時における終段での正失

速，高速大流量時における終段でのチョーキングによりその作動範囲が制限される．適正作動範囲は圧力比の上昇とともに狭くなり，ほぼ5を超えるとなんらかの対策が必要となる．そのため，始動時の安定性の確保のため，中間段から抽気を行うことで初段を通過する空気流量を増加させ，旋回失速を抑制する．静翼を可変とするなどの方法もある．近年では，空力詳細設計において，翼形状設計から全段解析，最適化に至るまで，数値流体力学（CFD）が幅広く用いられており，優れた損失特性を示す三次元翼型設計が可能となっている．また，一般的に低圧側の方が半径が大きく，高圧側の半径が小さく，低圧側は低回転で，高圧側は高回転で駆動することで，高性能化および旋回失速回避を実現する．このため，内外多重の軸（多軸）が使用される．低圧，高圧の2軸のもの，低圧，中圧，高圧と3軸を用いたものもある．ターボファンエンジンにおいては，大口径のファンを利用する高バイパス化やシャフトの3軸化がすすんでいる．図11.9に三軸ターボファンの構造図を示す．さらに，ファンを低圧圧縮機よりさらに低回転で回転させるため，遊星歯車機構を用いた減速機によるギヤードターボファンエンジンがある．三菱重工のスペースジェットには民間ジェットエンジンとして初めてP&W社のギヤードターボファンエンジン PW1200G が採用されている．圧縮機の材料としては，低圧圧縮機側はチタン合金が使用され，燃焼室に近い高圧圧縮機においては，より耐熱性のあるニッケル合金が使用される．

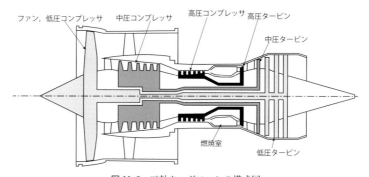

図 11.9 三軸ターボファンの模式図

11.3.2 燃 焼 器

燃焼器内では，高圧の空気流中に供給された液体あるいは気体燃料が燃焼し，熱エネルギーが解放されるとともに高圧，高温の燃焼ガスが発生する．燃焼室内の圧力は通常 0.5 から 6 MPa 程度であり，等圧下で燃焼が連続的に進行する．工

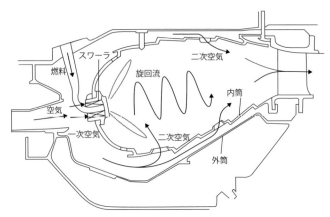

図11.10 シングルアニュラ型燃焼器

業炉などと比べて高い燃焼負荷率および広い作動範囲が要求される．形状として，図11.8の産業用ガスタービンに使用されるようなサイロ型，航空機用エンジンに使用される環状筒型（カニュラ型：can-annular），環状型（アニュラ型：annular）に分類される．サイロ型燃焼器は，一般的に1つあるいは2つの大きなユニットの燃焼器をエンジンコア構造外部に配置したもので，シンプルな構造でユニットになっておりメンテナンスが容易である．カニュラ型，アニュラ型燃焼器が主として使用されている．シングルアニュラ型燃焼器の概略を図11.10に示す．外筒上流部はディフューザとなっており，高速空気流を圧力回復させる．内筒は耐熱合金性の一体構造部品であり，この内部で燃焼が進行する．高温の火炎から内筒を保護するため，小孔から空気を噴出させ冷却する．表面酸化防止も兼てセラミックコーティングが行われることもある．一次空気は保炎および部分燃焼用に消費され，二次空気は完全燃焼と燃焼器出口における温度調節に利用される．スワーラを通じて一次空気を燃焼室内へ旋回流入させ，再循環領域を作ることで保炎する．燃料ノズルは圧力噴霧式渦巻噴射弁や気流微粒化式燃料噴射弁（エアブラストアトマイザ）が使用されている．近年は圧力比の増大および混合特性が本質的に良いことから，気流微粒化式燃料噴射弁が主流である．遠心圧縮機を使用した小型のガスタービンにおいては，コンパクトにするため逆流式の燃焼器が使用される．逆流式燃焼器は，直流式燃焼器において空気は前方から流入するのに対して後方から燃料を投入する．燃焼ガスはU字部を通してタービンに送られる．一方，多くの航空機用エンジンは直流式燃焼器を使用している．

　近年，航空機用エンジンにおいては窒素酸化物（NO$_x$）の排出規制が厳しくな

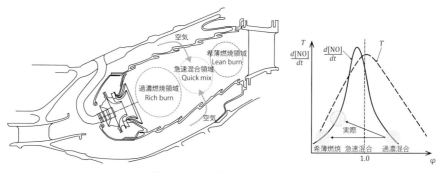

図 11.11 RQL 燃焼器と作動領域

っている．窒素酸化物は，対流圏では光化学スモッグやオゾン生成の原因となる．そのため，ジェットエンジンの燃焼器においても希薄燃焼が用いられる．希薄燃焼を行う方式として，燃料過濃燃焼急速混合希薄燃焼器（RQL 燃焼器：Rich-burn Quick-mix Lean-burn），希薄直接噴射燃焼器（LDI 燃焼器：Lean Direct Injection），希薄予混合予蒸発燃焼器（LPP 燃焼器：Lean Premixed Prevaporized），段階燃焼燃焼器がある．RQL 燃焼器においては，図 11.11 に示されるように，主燃焼領域は過濃とすることで火炎温度を下げることにより NO_x 生成を抑制する．その後，急激に二次空気を導入することで混合し，当量比が 1 に近い領域を限定し，希薄燃焼に移行させる[1),2)]．第 1 世代の燃焼器と比較して 25 ％程度の NO_x が削減されている．GE 社の SAC 燃焼器，P&W 社の TALON[2)] シリーズ燃焼器やロールスロイス（RR）社の Trent 1000 などの Phase5 燃焼器に用いられている．しかしながら，過濃部分が存在することでスモークの生成があり，当量比が 1 に近い部分も存在するため NO_x の生成も後述の LPP 燃焼器より多い．今後，NO_x 排出規制，スモーク規制値の変化により対応が厳しくなる可能性があるが，保炎性能が高く，シンプルで安定性も優れており，高空再点火性能も良いことから多くの航空機用エンジンに用いられている．さらに NO_x やスモークを減らすためには，できるだけ全領域を希薄で燃焼させることが望ましい．LDI は直接主燃焼領域に燃料を噴射するため，逆火や自着火の心配はないが，燃料をよく微粒化し急速に混合する必要がある．一方で，LPP は蒸発式燃料噴射弁を使用し燃料をあらかじめ蒸発させた後，空気を混合してから主燃焼領域に導入され希薄予混合燃焼する．燃料が均一化されることでサーマル NO_x の生成が抑制できるが，逆火や自着火，吹き消えなどのリスクもある．これらの燃焼器は燃焼安定性が問題となり，作動範囲が狭い．そのため，航空機用エンジンにおいては産業用ガスタービンより極端な希

薄化はできない．高空再点火性能，燃焼安定性においては RQL に劣る．圧力比が 25 より小さいエンジンで使用されており，将来的な超低 NO_x 規制に備え，研究開発が進められている．

　低 NO_x と高い燃焼効率，燃焼安定性を実現するため，パイロットバーナとメインバーナといった燃焼領域を 2 つに分けた 2 段燃焼器が用いられている．そのため，従来のシングルアニュラ型燃焼器（Single Annular Combustor: SAC）でなく，GE90 では図 11.12 で示されるデュアルアニュラ型燃焼器（Dual Annular Combustor: DAC）が用いられている[3]．一部の燃料をパイロットバーナで量論混合比付近で燃焼させ，大部分はメインバーナで希薄燃焼させることで，パイロット部での NO_x 生成はあるものの全体として NO_x 生成を抑制し燃焼安定性を実現する．CFM56-7 シリーズの一部（CFM56-7B26/2）にも採用されている．外側の円周上にパイロットバーナ，内側の円周上にメインバーナが設置されている．低出力においては，パイロットバーナのみが作動し，当量比 0.8 程度まで上げることで燃焼効率を確保し，一酸化炭素や未燃炭化水素の排出を減らす．中間出力では，すべてのパイロットバーナと一部のメインバーナが作動し，高出力ではすべてのバーナが作動する．メインバーナでは希薄燃焼が行われ，作動範囲と燃焼安定性を確保する．DAC では第 1 世代の燃焼器と比較して 35% 程度の NO_x が削減されている．P&W 社においても，パイロットバーナとメインバーナの配置が軸方向に設置された，軸方向 2 段燃焼器（Axially Staged Combustor : ASC）が開発されている．

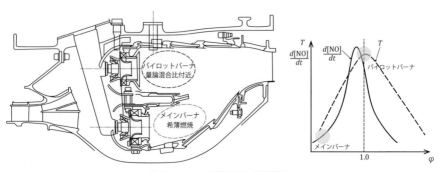

図 11.12　DAC 燃焼器と作動領域

　GE 社においては，さらに NO_x を低減するために，予混合型同軸燃焼器であるツイン環状予混合スワーラ燃焼器（Twin Annular Pre-mixed Swirler: TAPS）が開発されている[4]．第 1 世代の TAPS I 燃焼器は B747-8 や B787 などに使用され

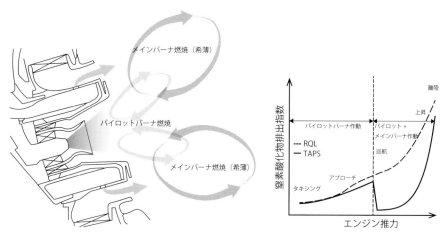

図 11.13 TAPS 燃焼器燃焼概略図と作動特性

ている GE$_{nx}$ エンジンに採用されている．LEAP のコアエンジンには第 2 世代の TAPS 燃焼器（TAPS II）が搭載されている．TAPS においてもパイロットバーナとメインバーナが配置されている．多くの段階燃焼燃焼器ではパイロットバーナとメインバーナは軸方向に離れて配置されているが，TAPS では同軸型で配されている．図 11.13 に TAPS 燃焼器の概略図と作動特性を示す．離陸や上昇，巡航時の推力が必要とする環境下においてはパイロットバーナとメインバーナを同時に作動させる．メインバーナは半径方向に噴射された燃料が予混合し，希薄予混合燃焼する．推力が低い巡航時，アプローチおよびタキシング時にはパイロットバーナのみが作動する．パイロットバーナの当量比を変化させることで出力を調整するものの，従来の RQL 燃焼器と比較しても NO$_x$ 排出量が少ない．B777X に使用される GE9X は世界最大の民間航空機エンジンであり，そこではセラミックマトリックス複合材料（CMC）が利用された第 3 世代 TAPS 燃焼器（TAPS III）が使用されている．NO$_x$ を減少させながら燃焼安定性，高空再点火，高燃焼効率，圧力損失，燃料のコーキングやライナ寿命など総合的に優れている．RR 社も ALECSys 燃焼器といった予混合型同軸燃焼器を開発している[5]．

11.3.3　タービン

ラジアルタービンと軸流タービンが用いられている．ラジアルタービンは遠心圧縮機の逆であり，半径方向に流入し軸方向に流出する．1 段で大きな膨張比を得ることが可能であり，構造が簡単なため主として産業用小型ガスタービンに使

用される．中小型の軸流タービンと比較してラジアルタービンの断熱効率は高い．産業用大型ガスタービンおよびほとんどのジェットエンジンでは軸流タービンが用いられている．軸流タービンでは，同心の2つの内外のケーシング内に設けたノズル翼列と動翼列から構成されるタービン翼列を高温高圧の燃焼ガスが通過し，その圧力差で生じる運動エネルギーが回転エネルギーに変換される．ノズル翼および動翼はたえず高温の燃焼ガスにさらされ，さらに動翼には強い遠心力が働く．このような高温，高歪に耐えるため，Co基合金およびNi基合金がノズル翼および動翼用材料として使用される．この種の合金は一般に機械加工が困難である．ジェットエンジンタービン翼では，精密鋳造し，放電加工により端部加工し，放電加工やレーザー加工によりフィルム冷却孔を加工する．また，溶接やろう付けにより修正および連翼加工される．また，1方向凝固/単結晶制御を行うことで柱状晶化や単結晶化し材料特性の向上が図られている．近年は，タービン温度の高温化により，タービンディスクにもNi基合金が使用されている．熱歪みによる応力集中を避けるため，図11.14のようにクリスマスツリー形のゆるいはめあいでタービンディスクに取り付けられている．タービンディスクの溝はブローチ加工により作られる．ノズル翼ならびに動翼を熱的に保護するため，高圧タービンの初段から2段目程度において圧縮機の高圧空気を利用した冷却が行われる．タービン冷却技術として，図11.15に示されるように，対流冷却，衝突冷却，蛇行冷却，フィルム冷却，トランスピレーション冷却がある．主に静翼には衝突冷却，動翼には蛇行冷却が適用される．冷却通路が狭い翼後縁近傍の冷却にピンフィン冷却やラティス冷却などの内部冷却が行われる．タービン入口温度が高い場合，衝突冷却や蛇行冷却のみでは冷却能力が不足する場合，フィルム冷却を追加することで金属温度を下げる．トランスピレーション冷却は，冷却孔を微細化して冷却性能を向上させている．しかしながら，フィルム冷却やトランスピレーション冷却は結果として多くの空気流量を必要とする．圧縮機からの抽気は損失となる

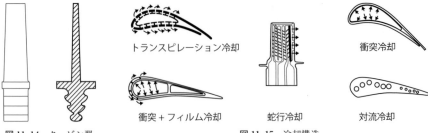

トランスピレーション冷却

衝突冷却

衝突＋フィルム冷却

蛇行冷却

対流冷却

図11.14 タービン翼   図11.15 冷却構造

ため，タービンの冷却には空気流量を減らしつつ高い冷却性能をもつことが求められる．近年高圧タービンに対して CMC を用いた空冷タービン翼が開発されている．CMC タービン翼は Ni 基合金と比べて比重が 1/4 程度で軽量化できるのに加え，数百度程度高い耐熱性をもつ．CMC を用いることで，タービン翼の冷却空気量を大幅に減少させることが可能であり，圧縮機における抽気量を減少させることができるため，タービン入口温度の増大の効果とともに性能の向上に寄与する．また，低圧タービンにおいては TiAl 合金のタービン翼が開発されている．TiAl は高温での比強度が高く，比重は Ni 基合金の半分程度であり軽量化に大きく寄与する．一方で，鋳造による製造性が悪く製造コストが高い．そのため，近年では 3D プリンティング技術を用いたブレードの製造が行われている．

11.4 ジェットエンジン

航空機用ガスタービンのうち，タービン出口に取り付けた排気ノズルから高速で燃焼ガスを噴出させて運動エネルギーの形で取り出し，航空機の推進に利用する形式のエンジンがターボジェットエンジンあるいはターボファンエンジンであり航空機用エンジンの主流である．代表的なジェットエンジンの主要諸元を表11.1 に示す．ターボジェットエンジンは，タービンでの圧縮機の駆動に必要な動力を取り出した後の燃焼ガスを噴出させて推力を得るものである．航空機が高速の場合には推進効率が高く，軍用機などで用いられてきた．現在は純粋なターボ

表 11.1　航空機用ジェットエンジン

エンジン名称	形式	圧縮機		タービン段数	バイパス比	燃焼器	離陸最大性能			寸法		質量	使用機体
		段数	圧力比				推力[kN]	SFC[g/kN·s]		長さ[mm]	直径[mm]	kg	
CFM56-7B27	2S TF	1+3+9	32.8	1+4	5.1	SAC	121	10.1-10.9	355	2508	1829	2386	B737NG
LEAP-1A26	2S TF	1+3+10	33.3	2+7	11	TAPSII	146	15-16		3328	2362	3153	A320neo
LEAP-1B21	2S TF	1+3+10	40	2+7	11	TAPSII	124.7	15-16		3147	2256	2780	B737-MAX
GEnx-2B67	2S TF	1+3+10	52.4	2+6	8	TAPS	296	15-16	1042	4699	3233.4	5623	B747-8
CF6-80C2	2S TF	1+4+14	27.1-31.8	2+5	5-5.31	SAC	293-310	8.7-9.7		4270	2690	5092	B767-400ER, A300, A310, B747-300, B747-400, C-2, MD-11
PW4062	2S TF	1+4+11	31	2+4	4.6	TALON	276			3900	2480	4272.84	B767-400ER
RB211-524G	2S TF	1+7+6	32.8	1+1+3	4.3	SAC	253	10.34		4759	2190	5688	B767-400ER
GE90-115B	2S TF	1+4+9	42	2+6	9	DAC	513.9		1642	7290	3429	8283	B777-300ER
GEnx-1B70/P1	2S TF	1+4+10	43.8	2+7	9	TAPS	321.6		1161	4950	2820	6131	B787-8
PW1217G	1G 2S TF	1+2+8		2+3	9	SAC	75.6					1724	M100
Trent 970B-84	3S TF	1+8+6	37	1+1+5	8.5	SAC	348.31		1204	5478	2950	6246	A380
GP7270	2S TF	1+5+9	43.9	2+6	8.8	SAC	363		1200	4920	3160	6712	A380
Trent 1000-L	3S TF	1+8+6	50	1+1+6	10	SAC	331.44		1090-1210	4738	2850	5936-6120	B787
Trent XWB-84	3S TF	1+8+6	51	1+1+6	10	SAC	318		1436	5812	3000	7277	A350-XWB
F100-IHI-100	2S TF	3+10	24	2+2	0.63	SAC	103.9	56.1	103.4	1181	4860	1390	F-15J
F101-GE-102	2S TF	2+9	11	1+2	0.85-1	SAC	136.8		159	1397	4597	1996	B-1B
F119	2S TF				0.3	SAC	116(156)			5160	1200	1800	F22
F135-100	2S TF	1+3+6	28	1+2	0.57	SAC	128.1(191)	25		5590	1170	1701	F35
Olympus 593	2S TJ	7+7	15.5	1+1	—	SAC	173		186	1206	3810	3386	Concorde

GE 社製 GEnx エンジン　　　　　　　　　P&W 社製 PW1100G-JM ギヤードターボファン

図 11.16　ターボファンエンジン（IHI 提供）

ジェットエンジンは民生機および軍用機ともにほとんど用いられていない．ターボファンエンジンはタービンで大型ファンを駆動し，燃焼ガスの推力とともに推進に利用する．図 11.16 にターボファンエンジンの例を示す．大型ファンにより圧縮された空気の一部は燃焼用空気として利用されるが，残りはバイパス空気となる．バイパス空気流量とコアエンジンの空気流量の比をバイパス比という．バイパス比は航空機の運航によって他のパラメータとともに最適に設定される．大型旅客機や輸送機のように長距離飛行のため燃料経済性を重視する用途には高バイパス比のエンジンが用いられる．一方で，バイパス比を大きくするとエンジン重量が重くなるのに加え，空気抵抗も大きくなる．そのため，短・中距離旅客機用エンジンの場合，バイパス比が低めである．超音速で大きな推力を必要とする航空機では低いバイパス比とし，アフターバーナが取り付けられている．アフターバーナはタービン下流部に設置されており，タービンから噴出する燃焼ガス中に燃料を噴射・燃焼させ，ガス温度の上昇により噴流速度を高め，エンジンの推力を一時的に増大させる．

　11.2 節で説明したように，小型で高効率のジェットエンジンを実現するためにはタービン入口温度を高くし，圧力比を大きくとる．また，燃料消費率（specific fuel consumption）を下げるためには，バイパス比を大きくする．図 11.17 にエンジン認証時期とタービン入口温度[6]，全体圧力比，バイパス比[7] をプロットした図を示す．タービン入口温度は試験機や軍用機の値も含むが，CMC などの高耐熱材料の開発により 2000℃ 付近まで高温化されている．高耐熱材料により，冷却用の空気の抽気量も減少させることができるため，エンジンの効率は高くなる．圧力比も GE$_{nx}$ や Trent XWB は 50 近くまで上がっている．バイパス比も 10 近くまで上昇している．高圧力比，高タービン入口温度，高バイパス化により小型で

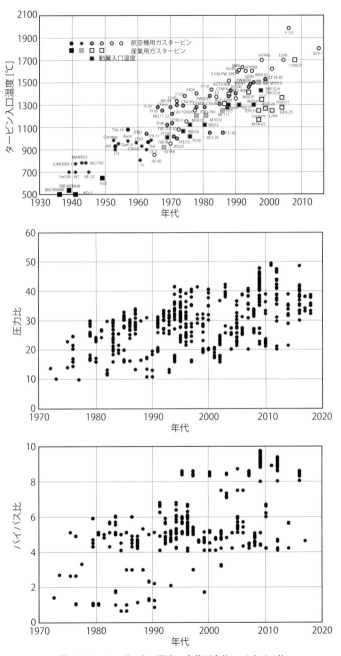

図 11.17 タービン入口温度，全体圧力比，バイパス比

高効率の推進が実現されてきた．さらに
バイパス比を上げて高効率化するにはファ
ンをナセルの外部に設置した図11.18
に示されるようなオープンロータエンジ
ンがある．二重反転プロペラを用いたオ
ープンロータにすることで，巻き込み流
効果で駆動する空気の質量流量を増大さ
せ，流速を下げて機速に近づけることで

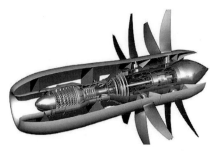

図11.18　オープンロータエンジン[8]

推進効率が上がる．燃料消費率においては改善されるものの，吸音の役割も果た
すナセルがないことによりファンノイズの問題がある．航空機騒音も規制の1つ
であり，低騒音のオープンロータエンジンはいまだ実用化されていない．

11.5　超音速機用エンジン

　一般的に最高速度がマッハ数2を超える軍用機においてもターボファンおよび
アフターバーナが用いられている．ターボジェットエンジンを用いてさらに高速
化した場合，空気取入口（インテーク）からディフューザを通じて圧力回復し，
圧縮機で圧縮を行うと燃焼室入口において高温となる．空気温度が燃焼温度に近
くなると，燃料のもつ化学エネルギーが分子の解離に使用され，熱エネルギーや
運動エネルギーに使用することができなくなる．同時に，圧力損失も大きくなる
ため十分な推力を発生できなくなる．そのため，通常のターボジェットエンジン

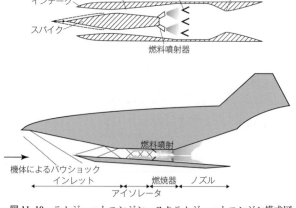

図11.19　ラムジェットエンジン，スクラムジェットエンジン模式図

ではマッハ数 3 程度が限界である．高速ではラム圧が上昇し，圧縮機を用いずに高圧空気を得ることができる．このような場合，図 11.19 に示すラムジェットエンジンが用いられる．マッハ数 2.5 以上になるとラム圧が十分に上昇し，比推力，燃料消費率などの点においてターボジェットに比肩できる．比推力は推力を燃料質量流量で除した値であり，比推力が大きいほど効率が良い．ラムジェットはインテーク，燃焼器およびノズルからなり，空気取入口の円錐状のスパイクを前後させることでラム圧力を有効に利用するとともに，空気流を減速して導入し亜音速で燃焼させる．燃焼機においては V ガッタなどの保炎器があり，保炎器の後流に再循環領域を形成し火炎を保持する．その後ノズルで超音速まで加速してノズルから噴出させる．ラムジェットエンジンは構造が比較的簡単なこともあり，標的機やミサイルの動力として利用されている．さらに飛行速度が上昇しマッハ数が 6 以上になると，空気流の減速は大きな温度上昇をもたらし，材料の耐熱性が問題となることや燃料の化学エネルギーの利用が困難になることから，超音速流のまま燃焼させるスクラムジェットエンジン（図 11.19）が用いられる．スクラムジェットエンジンでは，燃料の燃焼室内での滞留時間が極端に短く，燃料と空気の混合を促進し保炎することが要求される．そこで，燃料が流れに平行に噴射されるスロットタイプのインジェクタに縦渦を導入し，燃料と空気の混合を促進する．一方でスロットタイプのインジェクタは超音速流中にインジェクタが暴露するため，衝撃波が発生し圧力損失が大きい．壁面から流れに垂直あるいは角度をつけて燃料を噴射する方式では，保炎のためにバックステップあるいはキャビティが壁面に設置される．特に炭化水素を燃料とする場合において，水素と比較すると反応特性時間が非常に長いためキャビティを用いた保炎器が幅広く用いられている．

　エンジンの飛行マッハ数と比推力の関係を図 11.20 に示す．ラムジェットやスクラムジェットエンジンは高速飛行時においてのみエンジンとして作動可能である．そのため，マッハ数が 3 程度まで加速してから作動させる必要がある．水素を燃料とした場合，炭化水素燃料と比較すると比推力がかなり大きい．これは，燃焼生成物は分子量 18 程度の水であり，CO_2 を含む炭化水素燃料の排気と比較して平均分子量がかなり小さくなるためである．音速は $a = \sqrt{\kappa R T}$ で表されるように，平均分子量が小さくなると気体定数 R [J/kg·K] が大きくなり同じマッハ数でも排気速度が速くなる．そのため水素を燃料とする場合，ロケット，ジェットエンジンともに比推力が大きくなる．

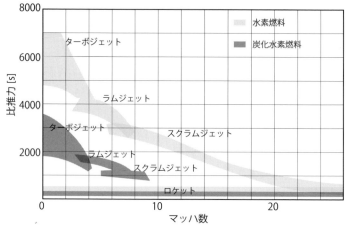

図 11.20 マッハ数と比推力

　マッハ数 5 に至るような極超音速にはジェットエンジンのみでは到達できず，ラムジェットエンジンは低速域で作動できない．そのため，1 つのエンジンで極超音速まで加速するにはコンバインドサイクルエンジンを用いる必要がある．アフターバーナを搭載したジェットエンジンはジェットエンジンとラムジェットエンジンのコンバインドサイクルエンジンである．図 11.21 に離陸からマッハ数 6 程度まで使用可能な空気吸込式極超音速機やスペースプレーンに用いられるコンバインドサイクルエンジン例を示す[9]．予冷ターボジェットエンジンは，ラム圧縮によって高温になった吸気を燃料として用いられる極低温の液体水素や液体メタンと熱交換して冷却する．これにより圧縮機後に適正な温度が達成され，燃焼器で燃焼させる．さらにラム燃焼器で燃料を燃焼させ排気を加速することで極超音速での飛行や作動が可能となる．エアターボラムジェットエンジンは予冷ターボジェットエンジンと同様に空気を極低温推進剤で予冷する．燃焼器に設置された熱交換器や機体の再生冷却によってタービンを駆動し，空気を圧縮する．また，再生冷却によりターボポンプを駆動することで燃料を供給する．ターボラムジェットエンジンは超音速機で用いられており，SR-71 などにも用いられていた．ジェット燃料の使用も可能である．低速時はラムダクト方向の流路をバイパスフラップで閉じ，コアのジェットエンジンを作動させて推進する．マッハ数が大きくなると，ラム燃焼器を作動させて推力を増強する．さらに加速し，ラム圧が高くなると，コアエンジンの抵抗が大きくなるため，空気流をバイパスフラップでラムダクトの方に導入しラムジェットのみで推進させる．このようにジェットエン

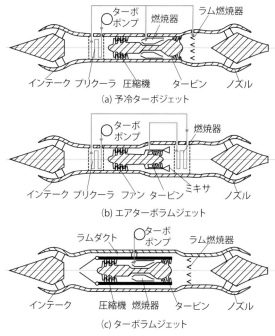

図11.21　ターボジェットベースのコンバインドサイクル

ジンと組み合わせることにより，離陸から極超音速域に至るまで1つのエンジン
で飛行することが可能となる．

参 考 文 献

1) Samuelsen, S.: Rich Burn, Quick-Mix, Lean Burn (RQL) Combustor. In N. E. Laboratory ed., The Gas Turbine Handbook. U. S. Department of Energy, Office of Fossil Energy, 2006.
2) McKinney, R. G., *et al*.: The Pratt & Whitney TALON X Low Emissions Combustor: Revolutionary Results with Evolutionary Technology, AIAA2007-386, 2007.
3) He, Z. J., *et al*.: Emission Characteristics of A P&W Axially Staged Sector Combustor, AIAA2016-2121, 2016.
4) Foust, M. J., *et al*.: Development of the GE Aviation Low Emissions TAPS Combustor for Next Generation Aircraft Engines, AIAA2012-936, 2012.
5) ロールスロイス社ホームページ.
https://www.rolls-royce.com/media/our-stories/insights/2018/alecsys-lean-burn-combustor.aspx
6) 吉田豊明：タービン（伝熱を中心に）. 日本ガスタービン学会誌，**36**(2): 78-83, 2008.
7) ICAO Aircraft Engine Emission Databank.
https://www.easa.europa.eu/icao-aircraft-engine-emissions-databank

8）https://www.theregister.co.uk/2009/06/12/nasa_open_rotor_trials/
9）佐藤哲也ほか：ATREX エンジンシステムについて．宇宙科学研究所報告，**46**, 2003.

⑫ ロケットエンジン

12.1 ロケットエンジンの種類

　ロケットは推進剤を内蔵し，それを加速放出したジェット推進の一種であり，ニュートンの運動第三法則である作用・反作用の法則により推力を得る．ソーラーセイルのように光子やイオンの衝突により推力を得るものを除けば，基本的には推進剤を噴射しないと推力は得られない．ロケット推進機関のことをロケットエンジンと呼ぶ．ジェットエンジンなどほかの推進機関と大きく異なる点は，酸化剤として空気を取り入れるのではなく，推進剤をすべて携行することにある．ロケット推進はそのエネルギー源により，化学推進ロケットおよび非化学推進ロケットに分類される．一般にはロケットは化学推進ロケットをさす．以下にその代表例について分類する．

12.1.1　化学推進ロケットエンジン

a. 液体ロケットエンジン

　液体ロケットエンジンは液体の推進剤の化学反応により発生した高温，高圧の燃焼ガスを高速でノズルから噴出することにより推力を得る．

b. 固体ロケットエンジン

　火薬のような固体推進剤が燃焼することにより高温，高圧の燃焼ガスを生成し，噴出し推力を得る．1成分からなるシングルベースあるいは燃料と酸化剤が練りこまれたダブルベース推進剤を用いる．

c. ハイブリッドロケットエンジン

　固体の燃料，液体の酸化剤を組み合わせた推進機関である．酸化剤を噴射しないと燃料は反応しないため，固体ロケットと比較して安全である．

12.1.2　非化学推進ロケットエンジン

a. 電熱推進

DC アークジェットはアーク放電などにより，水素，ヒドラジン，アンモニア

などの推進剤を加熱し，ノズルによって噴射する．レジストジェットは不活性の液体推進剤を電熱により加熱し，気化および膨張した推進剤をノズルから噴射する．

b. 静電推進

イオンエンジンはキセノン，クリプトン，アルゴンなどの推進剤をイオン化し，電界により静電加速して高速で噴射する方式である．ホールスラスタは磁場を用いて電子をホール効果による閉じ込めにより推進剤の電離を促進しホール電流を利用した静電加速により高速で推進剤を噴射する方式である．

c. 電磁推進

MPD アークジェットは外周部に陽極，中心陰極があり kA オーダの強い電流を流すことにより磁界を発生させる．アーク放電によりプラズマを生成し，電流と磁界の干渉によりローレンツ力を加えることでプラズマを電磁加速する．また，無電極でヘリコン波プラズマを生成し，RF 放電によりプラズマ流を加熱し，磁場ノズルによる膨張や電磁加速を利用する VASIMR（Variable Specific Impulse Magneto-plasma Rocket）のような無電極システムが提案されている．

d. 原子力ロケットエンジン

核エネルギーの開放により得られたエネルギーを水素などの推進剤に与えて高速噴流を得る方式である．

このほかの推進方式として，レーザー推進，マスドライバ，核融合推進，反物質推進などが宇宙空間用に提案されている．これらのエンジンの性能の比較図を図 12.1 に示す．推力密度は単位噴射面積あたりの推力である．地上からの打ち上げには大きな推重比と推力密度が必要であり，現在は化学ロケットエンジンが使

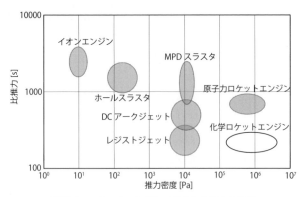

図 12.1 ロケットエンジンの推力と比推力の関係

用されている．これに対し，宇宙空間では輸送できる推進剤が限定的であるため，推力よりも比推力に優れる非化学推進（電気推進）ロケットエンジンが使用されることが多い．本章では，これらのうち現在主として実用に供されている化学ロケットエンジンについて述べる．

12.2　ロケットエンジンの性能

　ロケットは推進剤を後方に噴射することで，作用反作用の法則により推進する．速度 v で飛行している質量 m のロケットが微小の質量 $-dm$（$dm<0$）の推進剤を出口速度 u_e でロケットから噴射したとする．ここでは，出口での圧力は大気圧と同じであるとし考えない．そのときのロケットの速度の変化を dv とすると，運動量保存則により，

$$(m+dm)(v+dv)-dm(v-u_e)=mv \tag{12.1}$$

2 次の項を無視すると，

$$dv=-u_e\frac{dm}{m} \tag{12.2}$$

初期の速度と質量を 0，m_i，最終到達速度と質量を v_f，m_f とすると，

$$v_f=u_e\ln\frac{m_i}{m_f} \tag{12.3}$$

となる．この式はツィオルコフスキー方程式（ロケット方程式）と呼ばれる．ロケットの加速には初期と最終重量の比が重要である．質量 m のロケットが地球の軌道上（地表すれすれ）を速度 v_1 で回っているとする．地球の質量および半径を M，R，万有引力定数 $G=6.67430(15)\times10^{-11}\,\mathrm{m^3kg^{-1}s^{-2}}$ とすると，向心力と引力が同じなので，

$$G\frac{Mm}{R^2}=m\frac{v_1^2}{R} \tag{12.4}$$

以上より速度を求めると，$v_1=7.9\,\mathrm{km/s}$ となる．この速度は第一宇宙速度と呼ばれる．以下のように地球のポテンシャルエネルギーとロケットの運動エネルギーが等しいとき，

$$G\frac{Mm}{R}=\frac{1}{2}mv_2^2 \tag{12.5}$$

ロケットは地球の重力圏を脱し，航行することが可能となる．このとき，$v_2=\sqrt{2gR}$ $=11.2\,\mathrm{km/s}$ となる．g は地上における重力加速度であり，この速度は第二宇宙

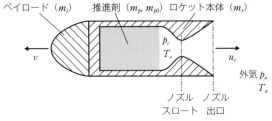

図12.2 ロケット概念図

速度と呼ばれる.

図12.2に示す概念図において，推力 F は次式で表される.

$$F = m_p u_e + (p_e - p_a) A_e \tag{12.6}$$

ここで，m_p は推進剤の質量流量，u_e は出口速度，p_e は出口圧量，p_a は大気圧，A_e は出口断面積である．この式の右辺第1項は噴流の運動量（運動量推力），第2項はガスの圧力による推力（圧力推力）である．推力をすべて運動量によるとして換算したみかけの排出速度 c を有効排出速度といい，次式で表される.

$$c = \frac{F}{m_p} = u_e + \frac{(p_e - p_a) A_e}{m_p} \tag{12.7}$$

また，比推力 I_{sp} は次のように定義される.

$$I_{sp} = \frac{F}{m_p g} = \frac{c}{g} \tag{12.8}$$

比推力は単位重量の推進剤が単位推力を維持できる時間を示し，単位は通常"秒"を用いる．またロケットエンジン出力は次式で与えられる.

$$P = \frac{m_p c^2}{2} \tag{12.9}$$

全推力は次式のように表すことができる.

$$F_t = \int F dt = \int m_p c \, dt = \bar{c} \int m_p dt = \bar{c} m_{p0}$$

$$= \int m_p g I_{sp} dt = \bar{I}_{sp} g \int m_p dt = \bar{I}_{sp} g m_{p0} \tag{12.10}$$

ここで，$\bar{c}$ は平均有効排出速度，$\bar{I}_{sp}$ は平均比推力，m_{p0} は推進剤の初期重量である．

ロケットの構造質量を m_r，ペイロード（有効搭載質量）を m_l とするとき，質量比 MR およびペイロード比 α は次式で与えられる.

$$MR = \frac{m_r + m_l}{m_r + m_{p0} + m_l} \tag{12.11}$$

$$\alpha = \frac{m_l}{m_r + m_{p0} + m_l} \tag{12.12}$$

式（12.3）より，最終到達速度は次式で表される．

$$v_f = -c \ln(MR) \tag{12.13}$$

したがって，有効排気速度が大きく，質量比が小さいほど最終到達速度が大きい．

　理想気体を仮定し，燃焼ガスがノズルにおいて断熱膨張すると仮定すると，

$$u_e = \sqrt{\frac{2\kappa R T_c}{\kappa - 1}\left[1 - \left(\frac{P_e}{P_c}\right)^{\frac{\kappa-1}{\kappa}}\right]}$$

$$m_p = A_t P_c \sqrt{\frac{\kappa}{R T_c}\left(\frac{2}{\kappa+1}\right)^{\frac{\kappa+1}{\kappa-1}}} = C_m A_t P_c \tag{12.14}$$

ここで，κ は比熱比，$R = \overline{R}/\overline{W}$ であり気体定数，$\overline{R}$ は普遍気体定数，$\overline{W}$ は平均分子量である．また，添字 c および t は燃焼室ならびにスロート部を示す．上式より，燃焼ガスの温度が高く，分子量が小さいほど排出速度が高いことがわかる．

　速度比は次式で表される．

$$\frac{u_e}{u_t} = \sqrt{\frac{\kappa+1}{\kappa-1}\left[1 - \left(\frac{P_e}{P_c}\right)^{\frac{\kappa-1}{\kappa}}\right]} \tag{12.15}$$

また，ノズル出口断面積とスロート断面積の比は膨張比と呼ばれ，次式で与えられる．

$$\varepsilon = \frac{A_e}{A_t} = \frac{\left(\dfrac{2}{\kappa+1}\right)^{\frac{1}{\kappa-1}}}{\left(\dfrac{P_e}{P_c}\right)^{\frac{1}{\kappa}}\sqrt{\dfrac{\kappa+1}{\kappa-1}\left[1 - \left(\dfrac{P_e}{P_c}\right)^{\frac{\kappa-1}{\kappa}}\right]}} \tag{12.16}$$

推力を次式で表したとき，

$$F = C_f A_t P_c \tag{12.17}$$

C_f を推力係数と呼ぶ．上述の各式から次式を導くことができる．

$$C_f = \sqrt{\frac{2\kappa^2}{\kappa-1}\left(\frac{2}{\kappa+1}\right)^{\frac{\kappa+1}{\kappa-1}}\left[1 - \left(\frac{P_e}{P_c}\right)^{\frac{\kappa-1}{\kappa}}\right]} + \frac{(P_e - P_a)A_e}{P_c A_t} \tag{12.18}$$

これらを用いると，有効排出速度 c は推力係数と特性速度 c^* を用いて表すことが

できる.

$$c = c^* C_f \tag{12.19}$$

比推力も同様に c^* を用いて表される.

$$I_{sp} = \frac{c^* C_f}{g} \tag{12.20}$$

c^* は推進剤のエネルギーや燃焼室の燃焼状態に依存したパラメータであり，以下の式で表される.

$$c^* = \frac{P_c A_t}{m_p} \tag{12.21}$$

理論的に求まる値を c_{th}^* とすると，実際のシステムにおける c_{exp}^* はこの値より小さくなる. 燃焼効率や損失を含む性能を表す指標として c^* 燃焼効率 η_{c^*} が以下のように定義される.

$$\eta_{c^*} = \frac{c_{exp}^*}{c_{th}^*} \tag{12.22}$$

η_{c^*} によりロケットエンジン燃焼器の効率が示される.

12.3　液体ロケットエンジン

　液体ロケットは宇宙船打上げ用の大型メインエンジンから，姿勢制御用の小型のものまで幅広く利用されている. 固体ロケットエンジンと比較して構造は複雑となるが，比推力が大きいのに加え，推力制御（打上加速度）が比較的容易である. 主な構成要素は推進剤を燃焼室へ送り込む推進剤供給系，推進剤を燃焼させる燃焼器および燃焼ガスを膨張加速するノズルである. 燃焼器とノズルを合わせて推進室あるいはスラスタと呼ぶこともある.

12.3.1　推　進　剤

　液体推進剤には燃料と酸化剤を反応させる二液推進剤と，単体で役割を果たす一液推進剤とがある. 二液推進剤は小型エンジンから大型エンジンで幅広く利用されている. 代表的な二液推進剤を表 12.1 に示す. 図 12.3 に NASA の CEA[1] を利用して計算した化学平衡における断熱火炎温度と混合比の関係の例を示す. また，図 12.4 にノズル開口比を 60 としたときの真空時の比推力を示す. 液体酸素を用いたシステムにおいては，最適な混合比（O/F）を選択すると，3500 K に達する. 空気吸い込み式エンジンでは，空気中に窒素が多く含まれるため火炎温

表 12.1 二液推進剤

	推進剤	分子量	凝固点 [K]	沸点 [K]	密度 [kg/m³]
酸化剤	LO$_x$（液体酸素）	32.00	54.8	90.2	1142*
	LF$_2$（液体フッ素）	38.00	53.53	85.03	1509*
	N$_2$F$_4$（四フッ化二窒素）	104.01	108.7	200	1600*
	N$_2$O$_4$（四酸化二窒素，NTO）	92.011	261.9	294.3	1443
	H$_2$O$_2$（過酸化水素）	34.147	272	423	1407
燃料	LH$_2$（液体水素）	2.016	14	20	71*
	LCH$_4$（液体メタン）	16.042	91	112	415
	RP-1（ケロシン系燃料）	165〜195	220〜229	445〜537	800〜820
	エタノール	46.07	159	351	789
	UDMH（非対称ジメチルヒドラジン）	60.08	215	336	789
	MMH（モノメチルヒドラジン）	46.08	220	359	878

密度は 293 K（*は沸点）における値

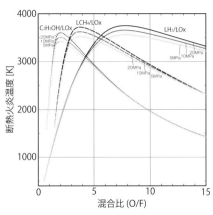

図 12.3 断熱火炎温度（化学平衡）と混合比

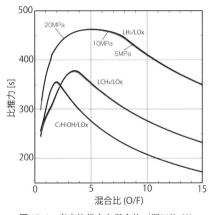

図 12.4 真空比推力と混合比（開口比 60）

度がこれほど上がらない．燃料の中でも，液体水素は冷却能力に優れ，液体酸素と組み合わせると高い比推力が得られ，噴出ガスも無毒であるなど非常に優れている．地上から打ち上げの大型ロケットに使用されている．しかしながら，密度が小さいためタンクが大きくなるのに加え，極低温推進剤であるため配管やタンクの予冷に時間がかかり速射できない．推進剤を加圧供給するターボポンプも液体水素と液体酸素で回転数が大きく異なり 1 軸の設計は難しくなる．したがって，2 軸にするかギアにより減速する必要があるため，構造が複雑になり重量が増加してしまう．また，極低温のため軌道上での長期間の保管は困難である．そのため，近年は液体メタンと液体酸素の組み合わせが候補となる．液体メタンは液体酸素と沸点や密度が近く，タンクやバルブの共用化が可能である．また，ターボ

ポンプを 1 軸にすることが可能である．RP-1 と比較して比推力が大きくなるの
に加え，すすの生成がほとんどない．火星ミッションや再利用エンジンの推進剤
として考えられている．RP-1 はケロシン系推進剤であり，常温で液体である．再
生冷却性能は悪いが，安価で速射性がある．地上から打ち上げる初段の大型エン
ジンに用いられている．密度も液体酸素に近く，ターボポンプの一軸化が可能で
ある．上記の二液推進剤が化学ロケットの推進剤の主流となっている．一液推進
剤は発熱を伴う自己分解反応によって高温，高圧のガスを生成する．加熱した触
媒により分解反応を起こす．一液推進剤の特性を表 12.2 に示す．貯蔵安定性に優
れ，必要に応じて容易に高温ガスが発
生できることが要求される．比推力は
低いがシステム構成が単純であるため，
機体の姿勢制御や衛星の二次推進剤と
して実用されている．

表 12.2　一液推進剤

推進剤	燃焼温度 [K]	平均密度 kg/m³	平均分子量
過酸化水素（95%）	1152	1.414	22.4
ヒドラジン	883	1.004	10.8

12.3.2　ロケットのサイクル

　液体ロケットエンジンにおいては推進剤を供給するターボポンプの駆動方法に
よりいくつかのサイクルに分類される．また，それらはブリードサイクルとトッ
ピングサイクルに分類される．ブリードサイクルにおいてはガスジェネレータな
どにより生成された高温推進剤は推進剤の主流から独立しており，タービン駆動
後に排出する．そのため，燃焼器とターボポンプを別々に設計する．図 12.5 に液
体ロケットエンジンの基本サイクルを示す．タップオフサイクルでは，燃焼室か
ら高温ガスを取り出しタービンを駆動する．ガス発生器が不要であり，シンプル
なサイクルであるが高温の燃焼ガスを導入するためタービンの耐熱が問題となる．
J-2S エンジンで使用された．また，ブルーオリジンのニューシェパードやニュー
グレンロケットの BE3 エンジンで用いられている．フルエキスパンダーサイクル
は燃焼室やノズルにおいて燃料の再生冷却によって得られた熱量を利用してター
ビンを駆動する．ガス発生器を使用せず，燃焼ガスでタービンを駆動しないため
タービンの熱環境は良く安全である．タービン入口温度を高くできず，燃焼室圧
力が制限されるため，出力が制限される．エキスパンダーブリードサイクルはこ
の欠点を解消するため，一部の燃料でタービンを駆動した後，燃焼室に導入せず
そのまま機外に排出する．背圧が雰囲気圧となるため低くなりターボポンプの効
率を上げることができ，燃焼室圧力を上昇させることができる．フルエキスパン

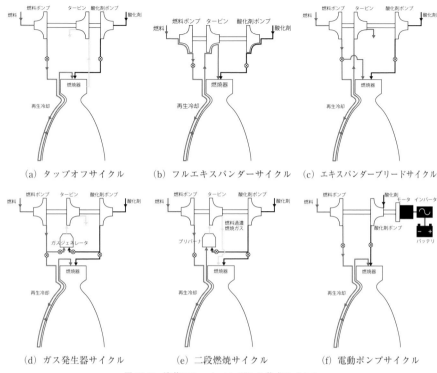

(a) タップオフサイクル　　(b) フルエキスパンダーサイクル　　(c) エキスパンダーブリードサイクル

(d) ガス発生器サイクル　　(e) 二段燃焼サイクル　　(f) 電動ポンプサイクル

図 12.5　液体ロケットエンジンの基本サイクル

ダーサイクルはサターン I, デルタ IV, タイタン, アトラスロケットの RL-10 エンジン, エキスパンダーブリードサイクルは三菱重工の H-2A/B や H-2 ロケットの LE-5A, LE-5B に用いられている. H3 ロケットの 1 段目エンジンの LE-9 でも採用されている. ガス発生器サイクル（ガスジェネレータサイクル）はガス発生器（燃焼器）で高温の燃焼ガスを生成し, タービンを駆動する. タービンを駆動したガスは直接燃焼室には導入せずそのまま排気される. そのため, 二段燃焼サイクルのように高圧力でガス発生器を作動させる必要がない. 単純なシステムであり, 要素が独立している. 開発や試験が容易であり, 開発費も低い. 非常に多くのロケットエンジンに採用されており, サターン V ロケットの F1 エンジン, J-2 エンジン, Space X 社のファルコン 1 やファルコン 9 のマリーンエンジン, JAXA の LE-5 および LE-8 エンジン, ESA のアリアン 5 ロケットのヴァルカンエンジン, アリアン 6 のプロメテウスエンジン, 中国の長征 5 号ロケットの YF-77 エンジンなどに採用されている. 最も性能が良いのは二段燃焼サイクルエンジン

である．プリバーナであらかじめ燃料と一部の酸化剤を過濃燃焼させタービンを
駆動する．その燃焼ガスを燃焼室に導入し，残りの酸化剤と燃焼させる．プリバ
ーナが燃焼室の上流にあるため高圧力となる．また，すべての燃料と酸化剤が燃
焼室に導入されるため推進剤のロスがない．タービン環境が厳しく，開発コスト
が最も高い．JAXA の H-2A/B や H-2 ロケットの 1 段目である LE-7，LE-7A
エンジン，NASA のスペースシャトルのメインエンジン（SSME），NASA のス
ペースローンチシステム（SLS）の RS-25D エンジンなどに利用されている．こ
れらはトッピングサイクルである．一般的に，プリバーナでは燃料過濃燃焼が実
施されるが，ロシアの RD-170，RD-180 や RD-250 エンジンは酸化剤過濃で燃焼
される．中国の長征 7 号の YF-100 エンジンにも利用されている．近年，ロケッ
トエンジンにおいても電動化が行われており，タービンを用いずブラシレス DC
モータによってポンプを駆動する電動ポンプサイクルがある．現状ではリチウム
イオン電池のエネルギー密度が小さいため，重量が重く小型エンジンでの使用に
限られている．ロケットラボ社のエレクトロンロケットのラザフォードエンジン
に採用されている．

12.3.3　ターボポンプ

　タンクの与圧による圧送式サイクルを除くと，ロケットエンジンにおいてはタ
ーボポンプを用いて推進剤を加圧する．ロケットエンジンでは遠心ポンプが主流
である．1 段で十分な圧力上昇が得られなければ多段のポンプが用いられる．図
12.6 にターボポンプの例を示す．ポンプの吸い込み性能を向上させ，ポンプの初
段の入口圧力を上昇させるため，動翼をもつ軸流のインデューサがある．また，

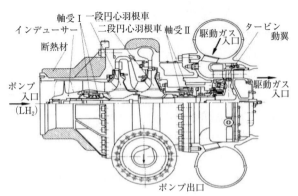

図 12.6　LE-7 液体水素ターボポンプ[2)]

入り口でキャビテーションが発生してもインデューサは内部でキャビティを消滅させ，遠心羽根車（インペラ）への影響を小さくする．さらなる圧力の上昇のために遠心ポンプを利用する．1段で十分なヘッドが得られない場合には，多段にする．インペラ部にはバランスピストン機構がありバランス圧力を発生させ均衡させることで軸方向振動を緩和する．ポンプにより圧縮された高圧推進剤はインボリュートにより配管に接続され，システムに供給される．タービンは，燃焼室からのタップオフ，推進剤の再生冷却による加熱，ガス発生器およびプリバーナで得た高温，高圧のガスをタービン翼により膨張させることで仕事を得てポンプでの圧縮に利用する．低圧力比および高流量においては反動タービンが用いられ，高圧力比，低流量においては衝動タービンが用いられる．衝動タービンでは，静翼およびノズルにより膨張させることで，圧力を減少させ流速を増加させる．後に続く動翼に高速の噴流を作用させる．動翼部における膨張はなく圧力の変化はほとんどない．反動タービンでは動翼部においてもガスを膨張させ反動作用により仕事を取り出す．静翼やノズルにおける圧力降下と動翼における圧力降下が50％程度となるように設計される．タービンで得られたトルクはシャフトを通じて遠心羽根車に伝えられる．シャフトは2つ以上の玉軸受により保持される．玉軸受は軸方向および半径方向の荷重を同時に支持する必要があり，アンギュラ玉軸受が幅広く利用されている．極低温の推進剤を用いる場合には潤滑油のガラス転移温度以下となるため，固体潤滑を用いており推進剤の一部を用いて軸受を冷却する．推進剤は要素間の隙間を通り軸受けを冷却し，上流に戻される．ターボポンプにおいては推進剤の漏れや作動ガスや推進剤の混合を避けるため密閉（シール）する必要がある．インペラやディスクの回転部においては低コストで高い信頼性が必要で，ほかのシールの差圧や速度の制限を超える場合，漏れが少し多いもののラビリンスシールが用いられる．ほかにもメカニカルシールに加え，フローティングシールやリフトオフシールが用いられる．ポンプ部とタービン部の差圧が大きい場合，フローティングリングとランナーを用いたフローティングシールが用いられる．フローティングリングはカーボンリングが軸と同じ材質のリテーナで囲まれ，低温時にもすきまが変わらない．リフトオフシールは始動停止時などのシール差圧が小さいときは接触シールとして働き，定格運転時のように差圧が大きいときはコイルバネとベローズのバネにより非接触シールとなる．また，液体酸素のターボポンプにおいては，タービンガスと酸化剤の混合を防ぐため，ヘリウムガスでパージされている．

12.3.4　燃　焼　器

ロケットエンジンの燃焼器はフェイスプレートに設置された噴射器から燃料および酸化剤を噴射し，混合した後に燃焼させる．燃焼器に使用される代表的な噴射器を図 12.7 に示す．同軸型噴射器は非衝突型噴射器で最も一般的に用いられている．液体水素/液体酸素エンジンによく使用されており，ガス状の燃料と液体状の酸化剤の噴射に高い性能と安定性を誇る．液体酸素は上流のオリフィスを通して，低速で噴射される．ガス状の水素は二重の同軸筒のギャップから供給され，微粒化混合が剪断力に依存するため高速で噴射される．ケロシン系燃料である RP-1 などの液体燃料の噴射には向かない．液体燃料と液体酸化剤を噴射する場合には，衝突型噴射が用いられる．噴射孔から噴射された推進剤を衝突させファン状の液膜を形成し，液膜，液柱，液糸および液滴が表面張力や振動，乱流，流体力学的不安定性により生成および分裂し微粒化する．異種二噴流衝突型噴射器がよく用いられる．酸化剤と燃料間の運動量や噴流サイズが大きく異なる場合には，

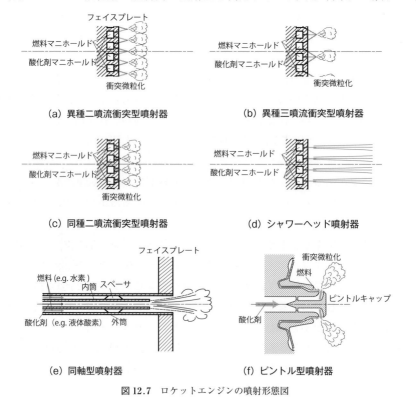

(a) 異種二噴流衝突型噴射器　　　　　(b) 異種三噴流衝突型噴射器

(c) 同種二噴流衝突型噴射器　　　　　(d) シャワーヘッド噴射器

(e) 同軸型噴射器　　　　　　　　　(f) ピントル型噴射器

図 12.7　ロケットエンジンの噴射形態図

異種二噴流衝突型噴射器では噴霧の偏りが生じ混合性能が低下するため，異種三噴流衝突型噴射器が用いられる．一般的に酸化剤流量が燃料より多いため，酸化剤–燃料–酸化剤の衝突が良いが，スロート部などの酸化剤リッチストリークによる浸食のリスクがある．また，燃焼不安定性に敏感である．同種衝突と異種衝突を組み合わせた多数の噴流の衝突型噴射がある．同様に同種二噴流，同種三噴流の衝突型噴射器がある．同種衝突型噴射器は反応や噴流間の熱輸送を避けたい場合や燃焼安定性を保持したい場合に用いられる．しかしながら、異種衝突と比較して初期混合が良くない．衝突型噴射としてピントル型噴射器がある．噴射孔が固定の上述の噴射器では圧力損失や噴射差圧確保による流量調整が必要なため推力制御範囲がさほど広くないが，ピントル型噴射器は出口面積を可変機構を用いて変化させることで推力制御が可能である．差圧を確保しながら推力制御を幅広く制御することが可能であり，アポロ計画の月着陸船の降下用エンジンにも用いられた．燃焼室中心軸に1つの噴射器をもち，構造がシンプルであり低コストである．また優れた燃焼安定性をもつ．シャワーヘッド型噴射器はフィルム冷却によく用いられる．

　燃焼不安定性が問題となる場合において図12.8に示されるバッフル噴射器が用いられる．バッフル噴射器は一部の噴射器をフェイスプレートから突き出し，半径方向および周方向に壁を作ることで，流動などを妨げることにより音響モード形状を歪め，接線方向や横方向モードの不安定性を抑制する．熱音響振動といった燃焼不安定性の発現は燃焼圧力や熱負荷を大きく変動させ，燃焼室の焼損につながり得るため，避けられるべきである．燃焼振動を抑制するため，圧力変動が強めあわないよう，またヘルムホルツレゾネータなどにより圧力変動を吸収するよう工夫されている．燃焼室の大きさは燃焼効率に大きく寄与する．燃焼室の大きさを指標として燃焼室体積をスロート面積で除した特性長さ L^* が用いられる．

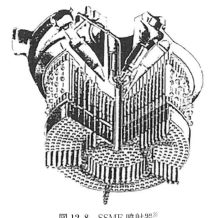

図 12.8　SSME 噴射器[3]

$$L^* = \frac{V_c}{A_t} \tag{12.23}$$

大きな L^* は燃焼室体積が大きくなり燃焼効率が改善されるが，重量が大きくなるのに加え，摩擦損失や熱損失が増加する可能性がある．最適な L^* は推進剤の組み合せに依存する．

12.3.5　ノ　ズ　ル

　燃焼室で生成された高温，高圧力の燃焼ガスはノズルで膨張しながら熱エネルギーを運動エネルギーに変換する．排気速度を大きくすることで大きな推力を得ることができる．図12.9に示されるようなノズルを用いる．ノズルは一般的にラバルノズルが使用される．収縮部においては流速が小さいため損失は少ないが，拡大部においては損失が大きくなるのでその形状設計には注意が必要である．1段目メインエンジンにおいて，リフトオフ時の雰囲気圧力（海面レベル圧力）が高いためノズル開口比が制限される．一方で後段のエンジンにおいては，必要推力が小さく雰囲気圧力が真空に近くなるため，開口比を大きくとることができる．ノズル出口圧力が雰囲気圧力より低くなると，ノズル内部において流れの剥離が起き，剥離点が不均一であると力が不均衡となり振動の原因となる．エンジンの始動時においても問題となる．コニカルノズルは円錐状の形状をしており，損失は大きいが製造や再設計の容易さから用いられるが，ノズル長さは長くなる．よ

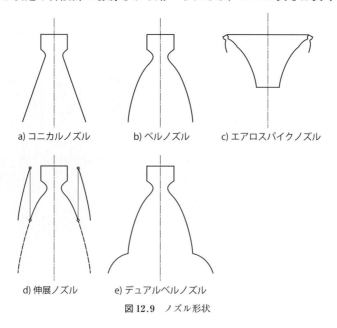

a) コニカルノズル　　　　b) ベルノズル　　　c) エアロスパイクノズル

d) 伸展ノズル　　　e) デュアルベルノズル

図12.9　ノズル形状

り高い性能を求める際にはベルノズルが用いられる．ベルノズルでは拡大部において初期に大きく拡張させ，その後膨張を緩やかにする釣り鐘状の形状を有する．コニカルノズルと比べてノズル長さを短縮することができる．これらのノズルにおいては海面レベルにおいて，ノズル内で剥離するところまで過膨張する可能性がある．低高度において過膨張は推力係数を減少させる．これを避けるためには燃焼圧を高く設定するか，ノズル開口比を抑える必要がある．ある条件において最適化されるため，損失が大きい．燃焼圧を高くすると頑強な構造が必要となり重量が増大する．そのため，雰囲気圧力に対応して膨張比を最適化するのにエアロスパイクノズルが用いられる．エアロスパイクノズルにはリニア型とアニュラ型がある．リニア型は1次元に推力室が設置され，アニュラ型は環状に設置される．内側はノズルと同様の壁面を有し，外側は自由噴流の境界によって流動が形成される．自由噴流の広がりは流体力学効果により雰囲気圧力によって変化する．エアロスパイクノズルにより，高度が変化しても高い推力係数を維持することができるのに加え，ノズル長さを短くすることができ重量を軽減することができる．一方で，推力室のノズルスロート部の冷却が困難であり，現在の材料においては実現が困難である．エアロスパイクノズルは内側の壁面を使用するが環状に燃焼器を配置し，ノズル外側の壁面を利用するE-DノズルやF-Dノズルなどもある．しかしながら，直径が大きくなり重量が重くなる．ロケットエンジンの燃焼器やノズル部は一部あるいは全体が再生冷却により冷却される．そのため，壁面内には金属部に冷却溝を加工し銅電鋳あるいは溶接などにより作られる．また，円管および楕円状の管をろう付けすることで冷却通路を有するノズル形状を作る．ま

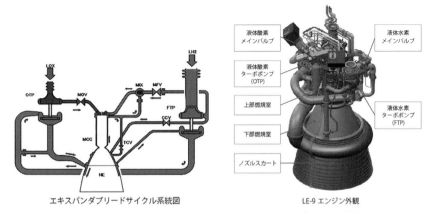

図 12.10　LE-9 エンジンのサイクルとエンジンシステム[4]（JAXA 提供）

た，再生冷却が困難な推進剤や低コストのロケットにおいては，壁面構成物質を
吸熱反応により熱分解させ冷却するアブレーション冷却が行われる．

　これらの要素を組み合わせた大型ロケットエンジンの実例として，H-3 ロケッ
トの 1 段目に使用される LE-9 エンジンについて示す．LE-9 のシステムおよび性
能を図 12.10 および表 12.3 に示す．LE-9 は LE-7 で使用された二段燃焼サイク
ルから，エキスパンダーブリードサイクルに変更された．比推力は少し下がった
ものの，安全で信頼性の高いエンジンである．

表 12.3　LE-9 エンジンの性能

	LE-9 エンジン
エンジンサイクル	エキスパンダブリード
真空中推力	1471 kN（150 tonf）
	63％スロットリング
比推力（Isp）	425s
重量	2.4 ton
全長	3.75 m
エンジン混合比	5.9
燃焼圧力	10.0 MPa
FTP 吐出圧力	19.0 MPa
OTP 吐出圧力	17.9 MPa
バルブ駆動方式	電動バルブ
	作動点を連続制御

12.4　固体ロケットエンジン

　固体ロケットは，液体ロケットに比べて構造が簡単できわめて短時間に発射で
きることから，大型ロケットのブースタ，観測ロケット，弾道ミサイル，航空機
用ミサイル，探査ロケットなどに広く用いられている．主な構成要素は燃焼室，
ノズル，推進剤，点火器などである．

12.4.1　推　進　剤

　固体推進剤は均質系と混成系に大別される．前者は燃焼を維持するのに十分な
酸素を分子内に含む物質よりなるもので，ダブルベース推進剤とも呼ばれる．こ
の代表的な例がニトログリセリンとニトロセルロースからなる推進剤である．こ
れらの推進剤には主成分のほかに添加剤を加え，貯蔵性，燃焼特性，機械的特性
などの向上が図られている．後者は酸化剤と燃料を混合して形成したものであり，
コンポジット推進剤とも呼ばれる．混成系推進剤の多くは酸化剤として過塩素酸
アンモニウムの粉末を用い，これと燃焼温度を高めるためにアンモニウム粉末と

をバインダでまとめて固めたものである．バインダ（例：末端水酸基ポリブタジエン）はそれ自身燃料であると同時に成型後の使用条件に耐え得る機械的強度の担い手でもある．

12.4.2 構　　造

固体ロケットエンジンの一例を図 12.11 に示す．燃焼室は高圧に耐えられることが必要であり，高抗張力鋼，チタン合金，ガラス繊維強化プラスティック，炭素繊維強化プラスティッ

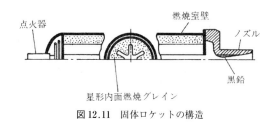

図 12.11　固体ロケットの構造

クなどが用いられる．ノズルは高温に耐え得ることが必要であり，耐熱合金，黒鉛，セラミックなどが用いられる．液体ロケットのように再生冷却ができないので，放射冷却あるいは断熱によるノズルの保護を行う．放射冷却のために，軽量の耐熱剤として炭素繊維強化炭素複合材料が用いられることがある．断熱には，セラミックコーティング方式とアブレーション断熱方式とが利用されている．アブレーション断熱方式では，ガラス繊維強化プラスティックや炭素繊維強化プラスティックなどが用いられ，フェノール樹脂などが熱分解することで吸熱し，残った樹脂と繊維が炭化することにより炭化層を形成する．熱分解ガスはこの炭化層を通過して表面から流出するため，通過時に炭化層から熱エネルギーを奪うことで高い熱遮蔽性能を有する．

成形された固体推進剤をグレインと呼び，種々の形状のものが使用されている．図に示す例は星形内面燃焼グレインであり，燃焼の進行に伴う燃焼表面積の変化が少なく，燃焼中に推力がほぼ一定に保たれるなどの特徴を有する．このほか，円筒形内面燃焼グレイン，端面燃焼グレインなどがあり，それぞれ燃焼室内圧力，すなわち推力の経時変化が異なる．固体ロケットの点火には，ペレット状の点火薬を装填した点火器が多く用いられる．点火器から飛散する高温粒子によりグレイン表面を広範囲に加熱することにより点火する．

12.5　ハイブリッドロケットエンジン

ハイブリッドロケットエンジンは気体または液体の酸化剤と固体の燃料を用いる液体ロケットと固体ロケットを組み合わせた推進機関である．固体ロケット燃

料と比較すると，燃料と酸化剤が混合していないため製造や運搬において安全であり，貯蔵しておくことが可能であり，システムが液体ロケットより単純である．比推力は固体ロケットと液体ロケットの中間である．また，作動時においても酸化剤の噴射を中止すれば燃焼室内の反応を停止することができ爆発の危険性は少ない．再着火やスロットリングも可能である．一方で，境界層燃焼を用いるため燃料後退速度が小さいので単位質量あたりの推力が小さい．固体燃料の燃焼とともに燃焼室内の酸化剤通路が大きくなり混合比がシフトする課題がある．大型化には燃焼速度を増大させる必要がある．燃料には固体ロケットのバインダ，パラフィンワックス，PMMA およびポリエステルなどが用いられる．酸化剤は液体ロケットに使用されるものと同じである．図 12.12 にハイブリッドロケットの構造を示す．高圧ガスを用いたガス押し式の例である．高圧燃焼を実施する際には液体ロケットエンジンと同様にターボポンプを利用する．ハイブリッドロケットは大学の研究レベルで多く研究が行われているものの上記課題の解決に至っておらずスペースシップワンでの使用以外は商用エンジンでの使用は限定的である．

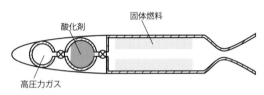

図 12.12　ハイブリッドロケットの構造

参 考 文 献

1) Gordon, S. and McBride B. J.: Computer Program for Calculation of Complex Chemical Equilibrium Compositions and Applications. NASA Reference Publication 1311, 1996.
2) 上條謙二郎：ロケットの液体水素ポンプ．水素エネルギーシステム，30: 16-22, 2005.
3) Cheng, G. C., *et al*.: Flow Distribution within the SSME Main Injector Assembly Using Porosity Formulation. AIAA95-0350, 1995.
4) Kawashima, H., *et al*.: Progress of LE-9 Engine Development. AIAA2018-4458, 2018.

索　引

執筆者プロフィール

◆編著者 (五十音順)◆

秋濱一弘 (あきはま　かずひろ)

1959 年　青森県生まれ
1984 年　豊橋技術科学大学大学院工学研究科修士課程電気・電子工学専攻修了
　　　　　株式会社 豊田中央研究所を経て
現　在　日本大学生産工学部環境安全工学科・教授
　　　　　博士 (工学) (名古屋大学)

津江光洋 (つえ　みつひろ)

1961 年　宮崎県生まれ
1989 年　東京大学大学院工学系研究科航空学専攻博士課程修了
現　在　東京大学大学院工学系研究科航空宇宙工学専攻・教授
　　　　　工学博士

友田晃利 (ともだ　てるとし)

1963 年　大阪府生まれ
1988 年　京都大学大学院工学研究科機械工学専攻修士課程修了
　　　　　トヨタ自動車株式会社を経て
現　在　株式会社 SOKEN 専務取締役
　　　　　工学修士

野村浩司 (のむら　ひろし)

1963 年　東京都生まれ
1992 年　東京大学大学院工学系研究科航空学専攻博士課程修了
現　在　日本大学生産工学部機械工学科・教授
　　　　　博士 (工学)

松村恵理子 (まつむら　えりこ)

1974 年　京都府生まれ
1999 年　同志社大学大学院工学研究科機械工学専攻前期課程修了
　　　　　トヨタ自動車株式会社を経て
現　在　同志社大学理工学部機械系学科・教授
　　　　　博士 (工学)

◆執筆者（五十音順）**◆**

三田修三（さんだ　しゅうぞう）

1956 年　愛知県生まれ
1988 年　東京大学大学院工学系研究科機械工学専攻博士課程修了
　　　　　株式会社 豊田中央研究所を経て
現　在　東京都市大学総合研究所 HEET・教授
　　　　　工学博士

菅沼祐介（すがぬま　ゆうすけ）

1982 年　東京都生まれ
2007 年　日本大学大学院生産工学研究科機械工学専攻博士課程修了
　　　　　株式会社 IHI エアロスペースを経て
現　在　日本大学生産工学部機械工学科・専任講師
　　　　　博士（工学）

中谷辰爾（なかや　しんじ）

1976 年　大阪府生まれ
2004 年　東京大学大学院工学系研究科航空宇宙工学専攻博士課程修了
現　在　東京大学大学院工学系研究科航空宇宙工学専攻・准教授
　　　　　博士（工学）

冬頭孝之（ふゆとう　たかゆき）

1971 年　愛知県生まれ
1995 年　名古屋大学大学院工学研究科航空工学専攻修士課程修了
現　在　株式会社 豊田中央研究所機械 1 部パワトレ制御研究室
　　　　　修士（工学）

最新内燃機関 改訂版 定価はカバーに表示

2021 年 3 月 1 日　初版第 1 刷
2023 年 2 月 25 日　　第 2 刷

編著者　秋　濱　一　弘

友　田　晃　利

津　江　光　洋

野　村　浩　司

松　村　恵理子

発行者　朝　倉　誠　造

発行所　株式会社　朝　倉　書　店

東京都新宿区新小川町6-29
郵 便 番 号　162-8707
電　話　03（3260）0141
F A X　03（3260）0180
http://www.asakura.co.jp

〈検印省略〉

Ⓒ 2021 〈無断複写・転載を禁ず〉　　　新日本印刷・渡辺製本

ISBN 978-4-254-23149-6　C 3053　　　Printed in Japan

前東大 谷田好通・前東大 長島利夫著

ガスタービンエンジン

23097-0 C3053　　　　B 5 判 148頁 本体3200円

航空機，発電，原子力などに使われているガスタービンエンジンを体系的に解説。〔内容〕流れと熱の基礎／サイクルと性能／軸流圧縮機・タービン／遠心圧縮機／燃焼器・再熱器・再生器／不安定現象／非設計点性能／環境適合／トピックス／他

早大 内藤 健編著

最 新・未 来 の エ ン ジ ン
—自動車・航空宇宙から究極リアクターまで—

23147-2 C3053　　　　A 5 判 196頁 本体3400円

多様な分野，方向性で性能向上が進められるエンジンについて，今後実用化の可能性があるものまでを基礎からわかりやすく解説。対象は学部生から一般の読者まで。〔内容〕ガソリンエンジン／デトネーションエンジン／究極エンジン／他

前神奈川工大 小口幸成・前ものづくり大 神本武征編著
機械工学テキストシリーズ 3

動 力 発 生 学
—エンジンのしくみから宇宙ロケットまで—

23763-4 C3353　　　　B 5 判 152頁 本体3200円

エネルギーの基本概念から，燃焼，電気や動力の発生を体系的に学ぶことができる，これから技術者を目指す学生に向けた入門テキスト。〔内容〕エネルギー／燃焼／環境／内熱機関／ガスタービン／蒸気機関／燃料電池／宇宙用推進エンジン他

広島大 松村幸彦・広島大 遠藤琢磨編著
機械工学基礎課程

熱 力 学

23794-8 C3353　　　　A 5 判 224頁 本体3000円

機械系向け教科書。〔内容〕熱力学の基礎と気体サイクル（熱力学第1，第2法則，エントロピー，関係式など）／多成分系，相変化，化学反応への展開（開放系，自発的状態変化，理想気体，相・相平衡など）／エントロピーの統計的扱い

神戸大 冨山明男編
機械工学基礎課程

流 体 力 学

23795-5 C3353　　　　A 5 判 176頁 本体3000円

流体力学の基礎から発展的内容までをわかりやすい言葉で解説。演習問題と解答付き。〔内容〕流体の基本的性質／流れの記述法／並行平板間層流／ダルシー—ワイスバッハの式／流体機械概論／揚力と循環／層流と乱流／流線と流れの関数／他

前宇宙開発事業団 宮澤政文著

宇 宙 ロ ケ ッ ト 工 学 入 門

20162-8 C3050　　　　A 5 判 244頁 本体3400円

宇宙ロケットの開発・運用に長年関わってきた筆者が自身の経験も交え，幅広く実践的な内容を平易に解説するロケット工学の入門書。〔内容〕ロケットの歴史／推進理論／構造と材料／飛行と誘導制御／開発管理と運用／古典力学と基礎理論

東北大 高 偉・東北大 清水裕樹・東北大 羽根一博・
東北大 祖山 均・東北大 足立幸志著
Bilingual edition

計測工学 Measurement and Instrumentation

20165-9 C3050　　　　A 5 判 200頁 本体2800円

計測工学の基礎を日本語と英語で記述。〔内容〕計測の概念／計測システムの構成と特性／計測の不確かさ／信号の変換／データ処理／変位と変形／速度と加速度／力とトルク／材料物性値／流体／温度と湿度／光／電気磁気／計測回路

東北大 成田史生・慶大 大宮正毅・埼大 荒木稚子著

楽しく学ぶ 破 壊 力 学

23148-9 C3053　　　　A 5 判 144頁 本体2300円

機械・材料系の破壊力学・材料強度学テキスト。〔内容〕材料の変形と破壊／孔まわりの応力／ひずみエネルギーと破壊／クラック先端の応力／クラック周りの塑性変形／クラックに対する材料の抵抗／材料の疲労／理論強度，八面体せん断応力，J積分

鳥取大 田村篤敬・岡山大 柳瀬眞一郎・岡山大 河内俊憲著

工 学 の た め の 物 理 数 学

20168-0 C3050　　　　A 5 判 200頁 本体3200円

工学部生が学ぶ応用数学の中でも，とくに「これだけは知っていたい」というテーマを3章構成で集約。例題や練習問題を豊富に掲載し，独習にも適したテキストとなっている。〔内容〕複素解析／フーリエ・ラプラス解析／ベクトル解析。

東工大 神田 学訳 東工大 バルケズアルビン著

Ordinary Differential Equations and Physical Phenomena
: A Short Introduction with Python

20169-7 C3050　　　　B 5 判 160頁 本体3200円

全編英語の常微分方程式（ODE）の教科書。自然現象の数理モデルの例とともに常微分方程式の解法とPythonを使った数値計算法を学ぶ。〔内容〕1st Order ODE／2nd Order ODE／Numerics for ODEs／ODE and Chaos

---

上記価格（税別）は 2023 年 1 月現在